高等职业教育供热通风与空调工程技术专业教学基本要求

高职高专教育土建类专业教学指导委员会
建筑设备类专业分指导委员会 编制

中国建筑工业出版社

图书在版编目(CIP)数据

高等职业教育供热通风与空调工程技术专业教学基本
要求/高职高专教育土建类专业教学指导委员会建筑设备
类专业分指导委员会编制. —北京：中国建筑工业出版
社，2012.12

ISBN 978-7-112-15034-2

Ⅰ. ①高… Ⅱ. ①高… Ⅲ. ①供热设备—建筑安装—
高等职业教育—教学参考资料②通风设备—建筑安装—
高等职业教育—教学参考资料③空气调节设备—建筑安
装—高等职业教育—教学参考资料 Ⅳ. ①TU83

中国版本图书馆 CIP 数据核字（2013）第 008657 号

责任编辑：朱首明　齐庆梅
责任设计：李志立
责任校对：姜小莲　王雪竹

高等职业教育供热通风与空调工程技术
专业教学基本要求

高职高专教育土建类专业教学指导委员会
建筑设备类专业分指导委员会 编制

*

中国建筑工业出版社出版、发行(北京西郊百万庄)

各地新华书店、建筑书店经销
北京红光制版公司制版
北京同文印刷有限责任公司印刷

*

开本：787×1092毫米　1/16　印张：4¾　字数：113千字
2012年12月第一版　2012年12月第一次印刷
定价：**16.00**元
ISBN 978-7-112-15034-2
(23136)

土建类专业教学基本要求审定委员会名单

主　任：吴　泽

副主任：王凤君　　袁洪志　　徐建平　　胡兴福

委　员：（按姓氏笔划排序）

丁夏君　马松雯　王　强　危道军　刘春泽

李　辉　张朝晖　陈锡宝　武　敬　范柳先

季　翔　周兴元　赵　研　贺俊杰　夏清东

高文安　黄兆康　黄春波　银　花　蒋志良

谢社初　裴　杭

出 版 说 明

近年来，土建类高等职业教育迅猛发展。至 2011 年，开办土建类专业的院校达 1130 所，在校生近 95 万人。但是，各院校的土建类专业发展极不平衡，办学条件和办学质量参差不齐，有的院校开办土建类专业，主要是为满足行业企业粗放式发展所带来的巨大人才需求，而不是经过办学方的长远规划、科学论证和科学决策产生的自然结果。部分院校的人才培养质量难以让行业企业满意。这对土建类专业本身的和土建类专业人才的可持续发展，以及服务于行业企业的技术更新和产业升级带来了极大的不利影响。

正是基于上述原因，高职高专教育土建类专业教学指导委员会（以下简称"土建教指委"）遵从"研究、指导、咨询、服务"的工作方针，始终将专业教育标准建设作为一项核心工作来抓。2010 年启动了新一轮专业教育标准的研制，名称定为"专业教学基本要求"。在教育部、住房和城乡建设部的领导下，在土建教指委的统一组织和指导下，由各分指导委员会组织全国不同区域的相关高等职业院校专业带头人和骨干教师分批进行专业教学基本要求的开发。其工作目标是，到 2013 年底，完成《普通高等学校高职高专教育指导性专业目录（试行）》所列 27 个专业的教学基本要求编制，并陆续开发部分目录外专业的教学基本要求。在百余所高等职业院校和近百家相关企业进行了专业人才培养现状和企业人才需求的调研基础上，历经多次专题研讨修改，截至 2012 年 12 月，完成了第一批 11 个专业教学基本要求的研制工作。

专业教学基本要求集中体现了土建教指委对本轮专业教育标准的改革思想，主要体现在两个方面：

第一，为了给各院校留出更大的空间，倡导各学校根据自身条件和特色构建校本化的课程体系，各专业教学基本要求只明确了各专业教学内容体系（包括知识体系和技能体系），不再以课程形式提出知识和技能要求，但倡导工学结合、理实一体的课程模式，同时实践教学也应形成由基础训练、综合训练、顶岗实习构成的完整体系。知识体系分为知识领域、知识单元和知识点三个层次。知识单元又分为核心知识单元和选修知识单元。核心知识单元提供的是知识体系的最小集合，是该专业教学中必要的最基本的知识单元；选修知识单元是指不在核心知识单元内的那些知识单元。核心知识单元的选择是最基本的共性的教学要求，选修知识单元的选择体现各校的不同特色。同样，技能体系分为技能领域、技能单元和技能点三个层次组成。技能单元又分为核心技能单元和选修技能单元。核心技能单元是该专业教学中必要的最基本的技能单元；选修技能单元是指不在核心技能单元内的那些技能单元。核心技能单元的选择是最基本的共性的教学要求，选修技能单元的选择体现各校的不同特色。但是，考虑到部分院校的实际教学需求，专业教学基本要求在附录 1《专业教学基本要求实施示例》中给出了课程体系组合示例，可供有关院校参考。

第二，明确提出了各专业校内实训及校内实训基地建设的具体要求（见附录 2），包括：实训项目及其能力目标、实训内容、实训方式、评价方式，校内实训的设备（设施）配置标准和运行管理要求，实训师资的数量和结构要求等。实训项目分为基本实训项目、选择实训项目和拓展实训项目三种类型。基本实训项目是与专业培养目标联系紧密，各院校必须开设，且必须在校内完成的职业能力训练项目；选择实训项目是与专业培养目标联系紧密，各院校必须开设，但可以在校内或校外完成的职业能力训练项目；拓展实训项目是与专业培养目标相联系，体现专业发展特色，可根据各院校实际需要开设的职业能力训练项目。

受土建教指委委托，中国建筑工业出版社负责土建类各专业教学基本要求的出版发行。

土建类各专业教学基本要求是土建教指委委员和参与这项工作的教师集体智慧的结晶，谨此表示衷心的感谢。

高职高专教育土建类专业教学指导委员会
2012 年 12 月

前　　言

《高等职业教育供热通风与空调工程技术专业教学基本要求》是根据教育部《关于委托各专业类教学指导委员会制（修）定"高等职业教育专业教学基本要求"的通知》（教职成司函【2011】158号）和住房和城乡建设部的有关要求，在高职高专教育土建类专业教学指导委员会的组织领导下，由建筑设备类专业分指导委员会编制完成。

本教学基本要求编制过程中，对职业岗位、专业人才培养目标与规格，专业知识体系与专业技能体系等开展了广泛调查研究，认真总结实践经验，经过广泛征求意见和多次修改而定稿。本要求是高等职业教育供热通风与空调工程技术专业建设的指导性文件。

本教学基本要求主要内容有：专业名称、专业代码、招生对象、学制与学历、就业面向、培养目标与规格、职业证书、教育内容及标准、专业办学基本条件和教学建议、继续学习深造建议；包括两个附录，一个是"供热通风与空调工程技术专业教学基本要求实施示例"，一个是"高职高专教育供热通风与空调工程技术专业校内实训及校内实训基地建设导则"。

本教学基本要求适用于以普通高中毕业生为招生对象、三年学制的供热通风与空调工程技术专业，教育内容包括知识体系和技能体系，倡导各学校根据自身条件和特色构建校本化的课程体系，课程体系应覆盖知识/技能体系的知识/技能单元尤其是核心知识/技能单元，倡导工学结合、理实一体的课程模式。

主　编　单　位：辽宁建筑职业学院

参　编　单　位：江苏建筑职业技术学院　浙江建设职业技术学院

主要起草人员：王青山　张铁东　蒋志良　黄亦沄

主要审查人员：刘春泽　高文安　谢社初　汤万龙　高绍远　颜凌云　金湖庭

　　　　　　　张　炯　陈宏振　张思忠　岳景蜂　张彦礼

专业指导委员会衷心地希望，全国各有关高职院校能够在本文件的原则性指导下，进行积极的探索和深入的研究，为不断完善供热通风与空调工程技术专业的建设与发展作出自己的贡献。

高职高专教育土建类专业教学指导委员会

建筑设备类专业分指导委员会　刘春泽

目　　录

高等职业教育供热通风与空调工程技术专业教学基本要求

1 专业名称

供热通风与空调工程技术

2 专业代码

560402

3 招生对象

普通高中毕业生

4 学制与学历

三年制、专科

5 就业面向

5.1 就业职业领域

主要在建筑安装企业从事施工技术与施工管理、物业管理企业从事建筑设备运行及管理。

5.2 初始就业岗位群

从事建筑行业的施工技术与施工管理工作的施工员、造价员、质量员、资料员、安全员；从事物业行业的物业设施运行管理员岗位。

5.3 发展或晋升岗位群

经过5～8年能获取暖通工程师、注册造价师、注册建造师及注册设备工程师执业资格证书。

6　培养目标与规格

6.1　培养目标

本专业培养拥护党的基本路线、适应社会主义建设需要，掌握供热通风与空调工程技术专业理论和专业技能，能从事供热通风与空调工程设计、施工、监理、运行管理、物业设施管理的适应生产建设、管理、服务第一线需要的德、智、体、美全面发展的高级技术技能人才。

6.2　人才培养规格

1. 毕业生的基本素质要求

（1）思想素质

热爱社会主义祖国，拥护中国共产党的领导，事业心强，有奉献精神，具有正确的世界观、人生观、价值观并有良好的社会公德和职业道德。

（2）身体心理素质

了解体育运动的基本知识，掌握科学锻炼身体的基本技能，养成锻炼身体的习惯，达到国家大学生体育合格标准，具有健康的体魄；具有积极向上的精神状态和良好的心理素质。

（3）文化与社会基础素质

1）具有应用社会主义政治学、经济学和法律法规基本知识以及科学的世界观方法论对工作和生活中的问题进行分析和判断的基本能力；

2）具有中文写作的基本能力、普通话表述能力和一定的审美能力；

3）具有良好的语言表达能力和社交能力；

4）具有健全的法律意识及一定的创新精神和创业能力；

5）具有整洁、诚实、认真、守时、谦虚、勤奋等基础文明品质；

6）具有商品、市场、竞争、价值、风险、效率、质量、服务环境、知识、创新、国际等现代意识。

2. 毕业生的知识要求

（1）具备本专业所必需的数学、流体力学、热工基础、电工电子、信息技术、建筑工程法律法规知识；

（2）具备常用一次热工测量仪表、流体测量仪表、电工电子测量仪表和常用自动调节阀（器）的原理构造、性能和选用安装知识；

（3）具备采暖和集中供热管网系统、通风空调和空调用制冷系统、建筑给水排水系统、建筑电气系统的工作原理、组成构造、工艺布置知识，并具备有关设计计算与施工图设计的基本知识；

（4）具备专业工程调试和运行的基本知识；

（5）具备专业工程施工工艺、加工安装机具以及起重吊装的基本知识，并具备施工验收技术规范、质量评定标准和安全技术规程应用的知识；

（6）具备编制安装工程造价及单位工程施工组织设计与施工方案的知识；

（7）具备工程合同、招投标和施工企业管理（含施工项目管理）的基本知识；

（8）了解供热通风与空调技术在国内外的新技术、新材料、新工艺和新设备。

3. 毕业生的能力要求

（1）具有应用社会主义政治学、经济学和法律法规基本知识以及科学的世界观、方法论对工作和生活中的问题进行分析和判断的基本能力；

（2）具有中文写作的基本能力、普通话表述能力和一定的审美能力；

（3）具有运用相关知识进行人际交往的能力；

（4）掌握一门外语，能进行简单日常会话和借助工具书阅读外文专业资料的基本能力；

（5）具有进行本专业必需的数学、力学、热工学和电工学计算及分析有关问题的基本能力；

（6）具有使用常规计算机操作系统和文字处理及专业应用软件的能力；

（7）具有正确选择使用常用设备、管材、线材、阀门、绝热防腐材料等材料和附件的能力；

（8）具有选择常用施工机具以及焊接设备和材料的能力；

（9）具有选择和安装常用一次热工、流体和电工电子仪表的能力；

（10）具有进行室外管道施工测量的基本能力；

（11）具有识读和绘制专业工程施工图的能力；

（12）具有一个主要工种的中级工基本操作技能的能力；

（13）具有根据施工验收规范和施工组织管理知识组织本专业工程施工的基本能力；

（14）具有编制工程造价和单位工程施工组织设计（施工方案）的基本能力；

（15）具有进行施工质量检查评定和施工安全检查的初步能力，熟悉工程验收程序；

（16）具有收集、编制、整理工程施工技术资料和绘制工程竣工图的能力；

（17）具有专业工程调试运行和故障分析的初步能力；

（18）具有从事多层建筑给水排水、通风空调和建筑电气照明工程设计的基本能力。

4. 毕业生的职业态度要求

（1）具有遵守行业规程，保证施工工程质量的职业素质和职业态度；

（2）具备吃苦耐劳、热爱本职工作的职业精神；

（3）具有进行安全生产的意识；

（4）具有团队协作意识、服务意识及协调沟通交流意识；

（5）具备节能意识和节约意识。

7 职业证书

本专业毕业生按国家有关规定，能获取施工员、质检员、监理员、档案员、安全员、造价员资格证书，经过 5～8 年的实践能获取注册监理工程师、注册造价工程师、注册建造师及设备工程师执业资格证书。

8 教育内容及标准

8.1 专业教育内容体系

以建筑设备安装和施工组织管理岗位为主要培养目标，按照岗位工作活动过程完成素质、能力、知识的解构，参照建筑安装施工员等职业资格标准和国际行业标准，确定岗位的职业能力，实现专业课程体系的构架，形成融理论、实践于一体的职业岗位课程体系。

供热通风与空调工程技术专业职业岗位能力与知识分析见表1。

供热通风与空调工程技术专业职业岗位能力与知识分析表　　　　表1

职业岗位	职业岗位核心能力	主要知识领域
建筑安装企业水暖施工员	1. 专业工程项目施工图的识读能力； 2. 编制施工组织设计和专项施工方案； 3. 施工能力； 4. 施工组织与管理能力； 5. 相关工种的基本操作能力； 6. 专业工程项目运行调试能力； 7. 专业工程项目预算和成本控制能力； 8. 专业工程项目设计实施和修改能力； 9. 确定施工安全防范重点，参与编制职业健康安全与环境技术文件、实施安全和环境交底能力； 10. 识别、分析、处理施工质量缺陷和危险源能力； 11. 能够参与施工质量、职业健康安全与环境问题的调查分析； 12. 能够记录施工情况，编制相关工程技术资料； 13. 利用专业软件对工程信息资料进行处理能力； 14. 绘制竣工图的能力； 15. 沟通交流能力	1. 施工图识读、绘制的基本知识； 2. 工程施工工艺和方法知识； 3. 工程材料的基本知识； 4. 计算机文字表格处理知识； 5. 施工组织知识； 6. 施工管理的基本知识； 7. 人文社会科学知识； 8. 国家工程建设相关法律法规知识
建筑安装企业水暖造价员	1. 专业工程项目施工图的识读能力； 2. 专业工程项目预算和成本控制能力； 3. 工程计价软件的使用能力； 4. 专业资料查阅、搜集与整理能力； 5. 获取信息与数据处理能力； 6. 沟通交流能力	1. 施工图识读基本知识； 2. 工程施工工艺和方法知识； 3. 工程量清单的编制及计价知识； 4. 工程计价软件的应用知识； 5. 招标投标知识； 6. 人文社会科学知识； 7. 国家工程建设相关法律法规知识

职业岗位	职业岗位核心能力	主要知识领域
建筑安装企业水暖质量员	1. 专业工程项目施工图的识读能力； 2. 编制施工项目质量计划能力； 3. 评价材料、设备质量能力； 4. 判断施工试验结果能力； 5. 能够确定施工质量控制点； 6. 能够参与编写质量控制措施等质量控制文件，并实施质量交底； 7. 能够进行工程质量检查、验收、评定； 8. 能够识别质量缺陷，并进行分析和处理； 9. 调查、分析质量事故，提出处理意见能力； 10. 能够编制、收集、整理质量资料； 11. 沟通交流能力	1. 施工图识读基本知识； 2. 工程施工工艺和方法知识； 3. 工程材料的基本知识； 4. 工程质量管理的基本知识； 5. 材料试验的内容、方法和判定标准； 6. 工程质量问题的分析、预防及处理方法； 7. 人文社会科学知识； 8. 国家工程建设相关法律法规知识
建筑安装企业水暖资料员	1. 参与编制施工资料管理计划能力； 2. 建立施工资料台账能力； 3. 进行施工资料交底能力； 4. 收集、审查、整理施工资料能力； 5. 检索、处理、存储、传递、追溯、应用施工资料能力； 6. 安全保管施工资料能力； 7. 对施工资料立卷、归档、验收、移交能力； 8. 参与建立施工资料计算机辅助管理平台能力； 9. 应用专业软件进行施工资料的处理能力； 10. 沟通交流能力	1. 施工图识读、绘制的基本知识； 2. 工程施工工艺和方法知识； 3. 工程竣工验收备案管理知识； 4. 城建档案管理、施工资料管理及建筑业统计的基础知识； 5. 资料安全管理知识； 6. 人文社会科学知识； 7. 国家工程建设相关法律法规知识
建筑安装企业水暖安全员	1. 参与编制项目安全生产管理计划能力； 2. 参与编制安全事故应急救援预案能力； 3. 参与对施工机械、临时用电、消防设施进行安全检查，对防护用品与劳保用品进行符合性判断能力； 4. 组织实施项目作业人员的安全教育培训能力； 5. 参与编制安全专项施工方案能力； 6. 参与编制安全技术交底文件并实施安全技术交底能力； 7. 识别施工现场危险源，并对安全隐患和违章作业进行处置能力； 8. 参与项目文明工地、绿色施工管理能力； 9. 参与安全事故的救援处理、调查分析能力； 10. 编制、收集、整理施工安全资料能力； 11. 沟通交流能力	1. 施工图识读基本知识； 2. 施工现场安全管理知识； 3. 施工项目安全生产管理计划的内容和编制知识； 4. 安全专项施工方案的内容和编制知识； 5. 施工现场安全事故的防范知识； 6. 安全事故救援处理知识； 7. 人文社会科学知识； 8. 国家工程建设相关法律法规知识

专业教育内容体系由普通教育内容、专业教育内容和拓展教育内容三大部分构成。

普通教育内容包括：①思想政治理论，②自然科学，③人文社会科学，④外语，⑤计算机基础，⑥体育，⑦实践训练。

专业教育内容包括：

①专业基础理论：高等数学、工程制图与建筑构造、流体力学泵与风机、热工学基础、建筑 CAD、建筑给水排水工程、供热工程、锅炉房与换热站、建筑电气技术、建筑设备控制技术、通风与空调工程、空调用制冷技术、建筑设备施工技术、安装工程预算、施工组织与管理。

② 专业实践训练：认识实习、工种技能操作实训、测量实训、建筑给水排水综合实训、供热工程综合实训、通风与空调工程综合实训、安装工程造价编制、施工组织设计、空调或供热系统调试与运行管理、毕业顶岗实习。

拓展教育内容：工程力学、燃气供应工程、安装工程监理、建筑节能技术、暖通空调运行管理、建筑新能源、建设法规。

8.2 专业教学内容及标准

1. 专业知识、技能体系一览

（1）专业知识体系一览见表 2。

供热通风与空调工程技术专业知识体系一览 表 2

知识领域	知 识 单 元		知 识 点
1. 热工学基础知识	核心知识单元	（1）工质及理想气体	1）基本概念 2）理想气体状态方程
		（2）热力学第一定律和第二定律	1）热力学第一定律 2）气体的热力过程 3）热力学第二定律
		（3）水蒸气	1）水蒸气的性质及焓熵图 2）水蒸气的热力过程
		（4）湿空气	1）湿空气的性质及压焓图 2）湿空气的热力过程
		（5）气体和蒸汽的流动	1）喷管中的流动特性及计算 2）绝热节流
		（6）导热和换热	1）导热、对流换热和辐射换热的基本概念和计算 2）换热器的设计计算
	选修知识单元	制冷循环	1）蒸气压缩式 2）吸收式

知识领域	知识单元		知识点
2. 建筑CAD	核心知识单元	(1) 绘图基础	1) 工作界面组成及各部分功能 2) 绘图环境设置
		(2) 绘图命令和编辑命令	1) 常用绘图命令及使用技巧 2) 常用编辑命令及使用技巧
		(3) 文字和尺寸标注	1) 文字样式的设置及输入方法 2) 尺寸样式的设置及标注方法
		(4) 绘制专业施工图	1) 建筑平面图的绘制步骤和方法 2) 水、暖、通风空调平面图绘制步骤和方法 3) 水、暖、通风空调系统图绘制步骤和方法
	选修知识单元	(1) 建筑立面图、剖面图绘制	1) 建筑立面图绘制步骤和方法 2) 建筑剖面图绘制步骤和方法
		(2) 打印输出	1) 打印设置 2) 打印输出
3. 流体力学泵与风机知识	核心知识单元	(1) 流体静力学	1) 静压强及其特性 2) 静压强基本方程
		(2) 流体动力学	1) 流体运动的基本概念 2) 恒定流连续性方程 3) 恒定流能量方程
		(3) 流动阻力与能量损失	1) 层流与紊流 2) 沿程水头损失 3) 局部水头损失
		(4) 管路的水力计算	1) 设计计算 2) 设备选型
		(5) 泵与风机	1) 离心式泵与风机的基本知识 2) 离心式泵与风机的运行与调节
	选修知识单元	其他类型泵与风机	1) 管道泵 2) 轴流式泵与风机
4. 锅炉房与换热站知识	核心知识单元	(1) 锅炉本体	1) 锅炉本体的组成 2) 工业锅炉的构造 3) 锅炉的燃烧设备
		(2) 锅炉房辅助系统	1) 系统组成及工作原理 2) 设备选型
		(3) 锅炉水处理	1) 锅炉给水的除硬原理及设备 2) 锅炉给水的除氧原理及设备

知识领域	知识单元		知识点
4. 锅炉房与换热站知识	核心知识单元	(4) 换热站	1) 换热站水系统的组成与工作原理 2) 设备选型
		(5) 锅炉房与换热站的工艺设计	1) 设计计算 2) 设备选型 3) 工艺布置
	选修知识单元	锅炉房与换热站的运行管理	1) 系统调试 2) 系统维护与保养
5. 建筑电气知识	核心知识单元	(1) 电工基础知识	1) 电路的基本概念和基本定律 2) 交直流电路分析计算 3) 变压器与电动机
		(2) 建筑供配电基本知识	1) 变配电设备 2) 负荷计算、导线及控制保护设备选择
		(3) 电气照明基本知识	1) 照明方式及种类 2) 光源及灯具 3) 照明设计
		(4) 防雷接地基本知识	1) 防雷装置及安装 2) 接地装置及安装
		(5) 建筑弱电系统基本知识	1) 安全防范系统 2) 电气消防系统 3) 综合布线系统
	选修知识单元	电气施工基本知识	配电系统、照明系统工程施工
6. 供热工程知识	核心知识单元	(1) 热水采暖系统	1) 热水采暖系统的组成与工作原理 2) 管道布置与敷设要求 3) 采暖施工图的组成及绘制方法
		(2) 采暖设计热负荷	1) 围护结构耗热量的计算方法 2) 冷风渗透耗热量及冷风侵入耗热量的计算方法 3) 围护结构最小传热热阻与经济热阻
		(3) 采暖散热器与附属设备	1) 散热器的类型、构造及特点 2) 散热器的选择计算 3) 采暖系统附属设备选型
		(4) 热水采暖系统的水力计算	1) 水力计算的基本原理 2) 水力计算的方法及步骤 3) 典型案例分析

知识领域	知识单元		知识点
6. 供热工程知识	核心知识单元	(5) 集中供热系统	1) 集中供热系统热负荷的计算 2) 供热管网与用户的连接方式
		(6) 供热管网的布置与敷设	1) 供热管网的布置形式 2) 供热管网的敷设要求 3) 供热管网施工图的组成及绘制方法
		(7) 供热管网的水力计算与水压图的绘制	1) 供热管网水力计算的方法、步骤 2) 绘制水压图的基本要求、绘制方法、步骤及利用水压图分析用户与管网的连接方式
	选修知识单元	(1) 辐射采暖与热风采暖	1) 辐射采暖的特点及布置敷设要求 2) 热风采暖的特点及布置敷设要求
		(2) 热水供热系统的水力工况和供热调节	1) 热水供热系统的水力工况 2) 供热系统的初调节与运行调节
7. 通风与空调工程知识	核心知识单元	(1) 通风与空调系统	1) 系统的组成与工作原理 2) 通风方式的分类 3) 空调系统的分类
		(2) 通风与空调系统设计计算	1) 风道的水力计算 2) 空调水系统的水力计算 3) 设备的选型计算
		(3) 通风与空调系统的运行调节	1) 自动控制系统的组成 2) 系统的测试与调节
	选修知识单元	(1) 工业有害物的净化	1) 净化设备的结构及工作原理 2) 净化设备的选型
		(2) 建筑防排烟	1) 防排烟系统的组成及工作原理 2) 防排烟系统的设计方法
8. 空调用制冷技术知识	核心知识单元	(1) 蒸气压缩式制冷的热力学原理	1) 理想制冷循环 2) 理论制冷循环
		(2) 制冷剂和载冷剂	1) 制冷剂分类及选用 2) 载冷剂分类及选用
		(3) 空调用制冷设备	1) 空调用制冷设备的分类及工作原理 2) 空调用制冷设备的选型
		(4) 冷源系统	1) 冷却水和冷冻水系统 2) 冷源系统的工艺设计
		(5) 吸收式制冷	1) 吸收式制冷的工作原理 2) 溴化锂吸收式制冷机
	选修知识单元	蓄冷技术	1) 蓄冷技术概述 2) 蓄冷空调系统

知 识 领 域	知 识 单 元		知 识 点
9. 安装工程造价知识	核心知识单元	(1) 工程建设程序与建设工程项目	1) 工程建设程序 2) 建设工程项目的组成与划分
		(2)《建设工程工程量清单计价规范》与安装工程计价定额	1)《工程量清单计价规范》解读 2) 安装工程计价定额的组成、内容与应用
		(3) 安装工程造价	1) 清单计价模式下费用组成及计取方法 2) 定额计价模式下费用组成及计取方法
		(4) 单位工程施工图预算的编制	1) 单位工程施工图预算编制的程序、方法和步骤 2) 建筑给水排水工程造价的编制 3) 建筑采暖工程造价的编制 4) 通风空调工程造价的编制 5) 锅炉房（或热力站）工艺管道工程造价的编制
		(5) 安装工程施工预算	1) 施工预算的编制程序 2) 施工预算编制案例
	选修知识单元	工程造价预算软件	1) 预算软件的内容组成 2) 预算软件的应用
10. 施工组织与管理知识	核心知识单元	(1) 单位工程施工组织设计	1) 单位工程施工组织设计的编制程序 2) 组织施工的基本方法 3) 流水施工的基本原理 4) 网络图计划技术
		(2) 工程招投标与合同管理	1) 工程招投标分类，招投标的程序和方法 2) 编制招标文件 3) 编制投标文件
	选修知识单元	工程项目管理与档案管理	1) 工程项目安全管理与控制 2) 工程项目档案管理
11. 建筑给水排水工程知识	核心知识单元	(1) 建筑给水系统	1) 系统的组成 2) 给水方式的选择 3) 布置与敷设 4) 管材、水表、阀门及常用给水设备 5) 设计流量的计算 6) 水力计算
		(2) 建筑消防系统	1) 消火栓系统组成、工作原理及设计计算 2) 自动喷淋灭火系统组成、工作原理及设计计算 3) 其他灭火系统

知 识 领 域	知 识 单 元		知 识 点
11. 建筑给水排水工程知识	核心知识单元	(3) 建筑排水系统	1) 系统的组成及排水体制 2) 布置与敷设 3) 设计流量的计算 4) 水力计算
	选修知识单元	(1) 建筑热水供应系统	1) 系统组成 2) 设计计算方法
		(2) 建筑屋面雨水排水系统	1) 系统的组成 2) 设计计算方法
		(3) 建筑中水系统	1) 系统组成及工作原理 2) 中水的选择及处理

（2）专业技能体系一览见表 3。

供热通风与空调工程技术专业技能体系一览　　　　　　　　表 3

技 能 领 域	技 能 单 元		技 能 点
1. 建筑 CAD 实训	核心技能单元	(1) 绘图基础训练	1) 识读水暖施工图 2) 熟悉制图标准
		(2) 应用计算机辅助设计软件绘制工程图	1) 建筑平面图绘制 2) 水暖平面图绘制 3) 水暖系统图绘制
	选修技能单元	工程图打印输出	1) 打印设置 2) 输出打印
2. 基本技能操作实训	核心技能单元	(1) 钣金工实训	1) 常用工具的使用及维护保养 2) 简单构件的展开图 3) 下料、连接
		(2) 管道工实训	1) 常用工具的使用及维护保养 2) 钢管的连接 3) 塑料管的连接
		(3) 电工实训	1) 线管与线盒的敷设 2) 各种线材连接、设备安装 3) 弱电系统施工
	选修技能单元	焊工实训	1) 手工电弧焊基本操作 2) 气焊、气割基本操作
3. 安装工程造价实训	核心技能单元	(1) 暖卫工程施工图预算	1) 划分和排列分项工程项目 2) 统计计算工程量 3) 套定额确定直接费 4) 计算各项取费，确定工程造价

技能领域	技能单元		技能点
3. 安装工程造价实训	核心技能单元	（2）通风空调工程施工图预算	1）划分和排列分项工程项目 2）统计计算工程量 3）套定额确定直接费 4）计算各项取费确定工程造价
	选修技能单元	施工预算的编制	1）划分和排列分项工程项目 2）分部分项工程工料分析 3）套定额确定直接费 4）两算对比
4. 供热工程设计实训	核心技能单元	（1）多层住宅楼采暖系统设计	1）采暖热负荷的计算 2）系统布置和散热设备的选型及散热面积和片数的计算 3）室内采暖系统管道的布置和敷设 4）室内采暖系统管道的水力计算 5）绘制室内采暖系统施工图纸
		（2）办公楼采暖系统设计	1）采暖热负荷的计算 2）系统布置和散热设备的选型及散热面积和片数的计算 3）室内采暖系统管道的布置和敷设 4）室内采暖系统管道的水力计算 5）绘制室内采暖系统施工图纸
	选修技能单元	室外供热管网系统设计	1）热负荷计算 2）管线敷设方式确定 3）管道水力计算 4）绘制供热管网施工图
5. 空气调节工程设计实训	核心技能单元	（1）小型工业厂房通风设计	1）通风方案的确定 2）通风量的计算 3）系统布置和设备的选型
		（2）办公楼空调设计	1）空调方案的确定 2）房间冷负荷的计算 3）设备、管道的选型与布置
	选修技能单元	厂房工艺空调设计	1）空调方案的确定 2）房间冷负荷的计算 3）设备、管道的选型与布置

2. 核心知识单元、技能单元教学要求

（1）核心知识单元教学要求见表 4～表 53。

工质及理想气体知识单元教学要求　　　　　　　　　　　　　　　　表4

单元名称	工质及理想气体	最低学时	8学时
教学目标	1. 掌握理想气体状态方程； 2. 熟悉工质及其基本状态参数； 3. 了解热力系统及热力过程		

教学内容	知识点	主要学习内容	
	1. 基本概念	工质和状态的概念、基本状态参数、系统及热力过程	
	2. 理想气体状态方程	理想气体、实际气体、理想气体状态方程、气体常数、理想气体定律	

教学方法建议	项目教学法、案例法、讲授法
考核评价要求	过程考核40%，知识与能力考核30%，结果考核30%

热力学第一定律和第二定律知识单元教学要求　　　　　　　　　　表5

单元名称	热力学第一定律和第二定律	最低学时	10学时
教学目标	1. 掌握热力学第一定律、热力学第二定律； 2. 熟悉气体的热力过程； 3. 了解自发过程与非自发过程		

教学内容	知识点	主要学习内容	
	1. 热力学第一定律	热力学第一定律的实质、闭口系统热力学第一定律、开口系统稳定流动的能量方程、稳定流动能量方程式在工程上的应用	
	2. 气体的热力过程	定容过程、定压过程、定温过程、绝热过程、多变过程	
	3. 热力学第二定律	自发过程与非自发过程、热力学第二定律的表述	

教学方法建议	项目教学法、案例法、讲授法
考核评价要求	过程考核40%，知识与能力考核30%，结果考核30%

水蒸气知识单元教学要求　　　　　　　　　　　　　　　　　　　表6

单元名称	水蒸气	最低学时	10学时
教学目标	1. 掌握水蒸气的焓熵图； 2. 熟悉水蒸气的基本概念、热力性质表； 3. 了解水蒸气的定压过程		

教学内容	知识点	主要学习内容	
	1. 水蒸气的性质及焓熵图	水蒸气的基本概念、水和水蒸气的热力性质表、水蒸气的焓熵图	
	2. 水蒸气的热力过程	未饱和水的定压预热阶段、饱和水的定压汽化阶段、干饱和蒸汽的定压过热阶段	

教学方法建议	项目教学法、案例法、讲授法
考核评价要求	过程考核40%，知识与能力考核30%，结果考核30%

湿空气知识单元教学要求　　　　　　　　　　　　　　　　　　表7

单元名称	湿空气		最低学时	10 学时
教学目标	1. 掌握湿空气的焓湿图； 2. 熟悉湿空气的热力过程； 3. 了解湿空气的性质及状态参数			
教学内容	知识点	主要学习内容		
	1. 湿空气的性质及压焓图	湿空气的性质、湿空气的状态参数、湿空气的焓湿图		
	2. 湿空气的热力过程	加热过程、冷却过程、加湿过程、绝热混合过程		
教学方法建议	项目教学法、案例法、讲授法			
考核评价要求	过程考核 40%，知识与能力考核 30%，结果考核 30%			

气体和蒸汽的流动知识单元教学要求　　　　　　　　　　　　　　表8

单元名称	气体和蒸汽的流动		最低学时	8 学时
教学目标	1. 掌握喷管流动规律及喷管和扩压管的正确选用； 2. 熟悉绝热节流的相关知识； 3. 了解喷管、扩压管的工程应用			
教学内容	知识点	主要学习内容		
	1. 喷管中的流动特性及计算	喷管、扩压管的工程应用与类型、喷管流动规律、喷管和扩压管的正确选用		
	2. 绝热节流	绝热节流的定义、绝热节流的应用		
教学方法建议	项目教学法、案例法、讲授法			
考核评价要求	过程考核 40%，知识与能力考核 30%，结果考核 30%			

导热和换热知识单元教学要求　　　　　　　　　　　　　　　　表9

单元名称	导热和换热		最低学时	22 学时
教学目标	1. 掌握换热器的设计计算； 2. 熟悉导热、对流换热和辐射换热的基本概念和计算； 3. 了解换热器的工作原理			
教学内容	知识点	主要学习内容		
	1. 导热、对流与辐射换热基本概念和计算	导热的概念、傅里叶导热定律、导热系数、通过平壁和圆筒壁的导热量计算、影响对流换热的因素、对流换热的计算与对流换热系数计算、热辐射的基本概念、热辐射的基本定律、辐射换热的计算		
	2. 换热器的设计计算	换热器工作原理、换热器传热面积的计算、换热器选型		
教学方法建议	项目教学法、案例法、讲授法			
考核评价要求	过程考核 40%，知识与能力考核 30%，结果考核 30%			

绘图基础知识单元教学要求　　表 10

单元名称	绘图基础	最低学时	4 学时
教学目标	1. 熟悉 AutoCAD 的工作界面组成及各部分功能； 2. 熟悉绘图环境的设置方法		
教学内容	知识点	主要学习内容	
	1. 工作界面组成及各部分功能	启动与退出、界面组成、图形文件管理、数据输入方法	
	2. 绘图环境设置	绘图界限和单位的设置、图层的设置、视图的显示控制、选择对象	
教学方法建议	任务教学法、案例法、分组训练法		
考核评价要求	过程考核 40%，知识与能力考核 30%，结果考核 30%		

绘图命令和编辑命令知识单元教学要求　　表 11

单元名称	绘图命令和编辑命令	最低学时	18 学时
教学目标	1. 掌握常用绘图命令和编辑命令的使用方法； 2. 熟悉常用绘图命令和编辑命令的使用技巧		
教学内容	知识点	主要学习内容	
	1. 常用绘图命令及使用技巧	常用绘图命令、使用技巧、绘图实例	
	2. 常用编辑命令及使用技巧	常用的编辑命令、使用技巧、绘图实例	
教学方法建议	任务教学法、案例法、分组训练法		
考核评价要求	过程考核 40%，知识与能力考核 30%，结果考核 30%		

文字和尺寸标注知识单元教学要求　　表 12

单元名称	文字和尺寸标注	最低学时	8 学时
教学目标	1. 掌握文字样式的设置和输入方法； 2. 掌握尺寸标注样式的设置和输入方法		
教学内容	知识点	主要学习内容	
	1. 文字样式的设置及输入方法	字形设置、文字标注、文字修改	
	2. 尺寸样式的设置及标注方法	尺寸标注的基本知识、尺寸样式的设置、尺寸标注、尺寸标注的修改	
教学方法建议	任务教学法、案例法、分组训练法		
考核评价要求	过程考核 40%，知识与能力考核 30%，结果考核 30%		

<h3 style="text-align:center">绘制本专业施工图知识单元教学要求 表 13</h3>

单元名称	绘制本专业施工图	最低学时	14 学时
教学目标	1. 熟悉绘制各类专业图的要点； 2. 掌握绘制各类专业图的方法与步骤		
教学内容	知识点	主要学习内容	
	1. 建筑平面图的绘制步骤和方法	设置绘图环境、图层的设置、轴线绘制、墙体绘制、门窗绘制、文字尺寸标注、其他绘制	
	2. 水、暖、通风空调平面图绘制步骤和方法	器具的绘制、支管的绘制、立管的绘制、干管的绘制、其他绘制	
	3. 水、暖、通风空调系统图绘制步骤和方法	立管的绘制、干管的绘制、支管的绘制、器具的绘制、其他绘制	
教学方法建议	任务教学法、案例法、分组训练法		
考核评价要求	过程考核 40%，知识与能力考核 30%，结果考核 30%		

<h3 style="text-align:center">流体静力学知识单元教学要求 表 14</h3>

单元名称	流体静力学	最低学时	6 学时
教学目标	1. 掌握静压强及其特性； 2. 掌握静压强的分布规律		
教学内容	知识点	主要学习内容	
	1. 静压强及其特性	静压强的定义、静压强的特性、压强的表示方法	
	2. 静压强基本方程	静压强基本方程的两种形式、等压面、液柱式测压计	
教学方法建议	项目教学法、案例法		
考核评价要求	过程考核 40%，知识与能力考核 30%，结果考核 30%		

<h3 style="text-align:center">流体动力学知识单元教学要求 表 15</h3>

单元名称	流体动力学	最低学时	12 学时
教学目标	1. 掌握动力学的基本概念； 2. 掌握恒定流连续性方程； 3. 掌握恒定流能量方程		
教学内容	知识点	主要学习内容	
	1. 流体运动的基本概念	流线与迹线、压力流与无压流、恒定流与非恒定流、元流与总流、过流断面、流量与断面平均流速、均匀流与非均匀流	
	2. 恒定流连续性方程	恒定流连续性方程形式及应用	
	3. 恒定流能量方程	恒定流能量方程形式及应用	
教学方法建议	项目教学法、案例法		
考核评价要求	过程考核 40%，知识与能力考核 30%，结果考核 30%		

流动阻力与能量损失知识单元教学要求

表 16

单元名称	流动阻力与能量损失		最低学时	10 学时
教学目标	1. 掌握流体的两种流态； 2. 掌握沿程损失的计算； 3. 掌握局部损失的计算			
教学内容	知识点	主要学习内容		
	1. 层流与紊流	两种流态、雷诺数		
	2. 沿程水头损失	沿程损失的计算		
	3. 局部水头损失	局部损失的计算		
教学方法建议	项目教学法、案例法			
考核评价要求	过程考核 40%，知识与能力考核 30%，结果考核 30%			

管路的水力计算知识单元教学要求

表 17

单元名称	管路的水力计算		最低学时	8 学时
教学目标	1. 掌握简单管路的计算； 2. 掌握串并联管路的计算； 3. 熟悉管网计算基础			
教学内容	知识点	主要学习内容		
	1. 简单管路	简单管路、管路特性方程		
	2. 串并联管路	串联管路的计算、并联管路的计算		
	3. 管网计算基础	枝状管网的计算		
教学方法建议	项目教学法、案例法			
考核评价要求	过程考核 40%，知识与能力考核 30%，结果考核 30%			

泵与风机知识单元教学要求

表 18

单元名称	泵与风机		最低学时	12 学时
教学目标	1. 掌握离心式泵与风机的基本知识； 2. 掌握离心式泵与风机的运行与调节			
教学内容	知识点	主要学习内容		
	1. 离心式泵与风机的基本知识	离心式泵与风机的基本构造、工作原理、基本性能参数、性能曲线、泵的气蚀与安装高度、相似率与比转数		
	2. 离心式泵与风机的运行与调节	管路性能曲线与工作点、联合运行、工况调节、设备选用		
教学方法建议	项目教学法、案例法			
考核评价要求	过程考核 40%，知识与能力考核 30%，结果考核 30%			

单元名称	锅炉本体	最低学时	10 学时
教学目标	1. 掌握工业锅炉的构造； 2. 掌握锅炉的燃烧设备； 3. 熟悉锅炉本体的组成		
教学内容	知识点	主要学习内容	
	1. 锅炉本体的组成	锅炉房设备的分类及锅炉本体的概念	
	2. 工业锅炉的构造	锅筒及其内部装置、水冷壁管及其对流管束、辅助受热面	
	3. 锅炉的燃烧设备	燃料的燃烧过程，手烧炉、链条炉排炉、往复推动炉排炉的燃烧特点	
教学方法建议	项目教学法、案例法、讲授法		
考核评价要求	过程考核 40%，知识与能力考核 30%，结果考核 30%		

单元名称	锅炉房辅助系统	最低学时	24 学时
教学目标	1. 掌握锅炉房四大系统的组成及工作原理； 2. 熟悉锅炉房四大系统简单设备的选择计算； 3. 了解锅炉房四大系统的有关设备		
教学内容	知识点	主要学习内容	
	1. 系统组成及工作原理	锅炉房汽水系统、送引风系统、运煤除灰渣系统、仪表控制系统的组成及工作原理	
	2. 设备选型	风机类型、水泵类型、送引风机、循环水泵、补给水泵、水箱的选择计算	
教学方法建议	项目教学法、案例法、讲授法		
考核评价要求	过程考核 40%，知识与能力考核 30%，结果考核 30%		

单元名称	锅炉水处理	最低学时	8 学时
教学目标	1. 掌握锅炉水处理的设备及工作原理； 2. 熟悉水处理设备的选型计算的方法； 3. 了解锅炉排污的有关知识		
教学内容	知识点	主要学习内容	
	1. 锅炉给水的除硬原理及设备	钠离子交换器的工作原理及工作过程、锅炉给水的其他软化方法	
	2. 锅炉给水的除氧原理及设备	大气式热力除氧器和真空除氧的系统构成及工作原理	
教学方法建议	项目教学法、案例法、讲授法		
考核评价要求	过程考核 40%，知识与能力考核 30%，结果考核 30%		

换热站知识单元教学要求

表 22

单元名称	换热站	最低学时	8 学时
教学目标	1. 掌握换热站水系统的组成及工作原理； 2. 熟悉换热站有关设备； 3. 了解换热器选择计算的有关方法		
教学内容	知识点	主要学习内容	
	1. 换热站水系统的组成与工作原理	水水换热系统和汽水换热系统的组成及工作原理	
	2. 设备选型	设备选型的计算方法	
教学方法建议	项目教学法、案例法、讲授法		
考核评价要求	过程考核 40%，知识与能力考核 30%，结果考核 30%		

锅炉房与换热站的工艺设计知识单元教学要求

表 23

单元名称	锅炉房与换热站的工艺设计	最低学时	10 学时
教学目标	1. 掌握锅炉房及换热站工艺布置、管路走向； 2. 熟悉有关设备选型计算的方法； 3. 了解设计的有关知识		
教学内容	知识点	主要学习内容	
	1. 设计计算	水泵流量及扬程的计算、风机风量及风压的计算、管径的计算	
	2. 设备选型	锅炉和换热器的选型、水泵和风机的选型、水箱和阀门的选型	
	3. 工艺布置	设备的平面布置、管路的平面布置及系统布置	
教学方法建议	项目教学法、案例法、讲授法		
考核评价要求	过程考核 40%，知识与能力考核 30%，结果考核 30%		

电工基础知识单元教学要求

表 24

单元名称	电工基础知识	最低学时	16 学时
教学目标	1. 熟悉电路的组成、电路的基本物理量和电路的基本状态； 2. 了解电路的基本定律； 3. 了解电动机的结构及工作原理； 4. 掌握交直流电路分析计算		
教学内容	知识点	主要学习内容	
	1. 电路的基本概念和基本定律	电路的组成、电路的基本物理量、电路的基本状态、欧姆定律、克希荷夫定律	
	2. 交直流电路分析计算	直流电路计算、单相、三相交流电路计算	
	3. 电动机	单相、三相电动机的结构及工作原理	
教学方法建议	项目教学法、案例法、讲授法		
考核评价要求	过程考核 40%，知识与能力考核 30%，结果考核 30%		

建筑供配电基本知识单元教学要求　　　　　　　　　　　　　　**表 25**

单元名称	建筑供配电基本知识	最低学时	14 学时
教学目标	1. 熟悉 10kV 变电所的结构； 2. 了解常用的高低压设备； 3. 了解电力变压器的结构及工作原理； 4. 掌握负荷计算、导线及控制保护设备选择		
教学内容	知识点	主要学习内容	
	1. 变配电设备	电力变压器的结构及工作原理、高低压开关设备、10kV 变电所	
	2. 负荷计算、导线及控制保护设备选择	利用需要系数法进行负荷计算、导线选择、控制保护设备选型	
教学方法建议	项目教学法、案例法、讲授法		
考核评价要求	过程考核 40%，知识与能力考核 30%，结果考核 30%		

电气照明基本知识单元教学要求　　　　　　　　　　　　　　**表 26**

单元名称	电气照明基本知识	最低学时	12 学时
教学目标	1. 熟悉基本的照明方式和照明种类； 2. 了解常用的电光源和灯具； 3. 掌握电气照明施工图		
教学内容	知识点	主要学习内容	
	1. 照明方式及种类	照明方式、照明种类	
	2. 光源及灯具	常用的电光源、常用的灯具	
	3. 照明设计	照度计算、照明控制线路、照明施工图	
教学方法建议	项目教学法、案例法、讲授法		
考核评价要求	过程考核 40%，知识与能力考核 30%，结果考核 30%		

防雷接地基本知识单元教学要求　　　　　　　　　　　　　　**表 27**

单元名称	防雷接地基本知识	最低学时	8 学时
教学目标	1. 了解安全用电的基本知识； 2. 熟悉常用的防雷接地装置； 3. 掌握基本的接地形式		
教学内容	知识点	主要学习内容	
	1. 防雷装置及安装	防雷措施、防雷装置	
	2. 接地装置及安装	接地形式、接地装置	
教学方法建议	项目教学法、案例法、讲授法		
考核评价要求	过程考核 40%，知识与能力考核 30%，结果考核 30%		

建筑弱电系统基本知识单元教学要求　　表 28

单元名称	建筑弱电系统基本知识		最低学时	10 学时
教学目标	1. 了解建筑弱电系统的组成； 2. 掌握建筑弱电施工图			
教学内容	知识点	主要学习内容		
	1. 安全防范系统	闭路监控系统、防盗报警系统		
	2. 电气消防系统	火灾自动报警系统、消防联动控制系统		
	3. 综合布线系统	综合布线系统的构成、综合布线系统工程图		
教学方法建议	项目教学法、案例法、讲授法			
考核评价要求	过程考核 40%，知识与能力考核 30%，结果考核 30%			

热水采暖系统知识单元教学要求　　表 29

单元名称	热水采暖系统		最低学时	7 学时
教学目标	1. 掌握热水采暖系统管路布置和敷设方法； 2. 掌握一般建筑物采暖施工图设计方法、步骤； 3. 熟悉自然循环和机械循环热水采暖系统工作原理； 4. 了解自然循环和机械循环热水采暖系统的基本形式			
教学内容	知识点	主要学习内容		
	1. 热水采暖系统的组成及工作原理	自然循环热水采暖系统组成及工作原理、机械循环热水采暖系统组成及工作原理		
	2. 管道布置与敷设要求	供回水干管布置方式的分类、散热器的连接形式		
	3. 采暖施工图的组成及绘制方法	采暖系统的平面图、系统图、详图		
教学方法建议	项目教学法、案例法、讲授法			
考核评价要求	过程考核 40%，知识与能力考核 30%，结果考核 30%			

采暖设计热负荷知识单元教学要求　　表 30

单元名称	采暖设计热负荷		最低学时	10 学时
教学目标	1. 掌握采暖及采暖期的概念； 2. 了解采暖系统分类			
教学内容	知识点	主要学习内容		
	1. 围护结构耗热量的计算方法	围护结构基本耗热量、附加耗热量的计算		
	2. 冷风渗透耗热量及冷风侵入耗热量的计算方法	缝隙法、换气次数法		
	3. 围护结构最小传热阻与经济热阻	围护结构最小传热热阻与经济热阻的概念及热阻的确定		
教学方法建议	项目教学法、案例法、讲授法			
考核评价要求	过程考核 40%，知识与能力考核 30%，结果考核 30%			

采暖散热器与附属设备知识单元教学要求 表 31

单元名称	采暖散热器与附属设备	最低学时	12 学时
教学目标	1. 掌握采暖散热器及附属设备的选型和布置； 2. 掌握采暖散热器及附属设备的选择计算； 3. 掌握采暖散热器及附属设备的施工安装方法； 4. 了解常用散热器的构造、类型、原理		

教学内容	知识点	主要学习内容
	1. 散热器的类型、构造及特点	散热器的种类及选择
	2. 散热器的选择计算	散热器面积的计算、散热器内热媒平均温度的计算、散热器传热系数及修正系数的选择、散热器片数的确定
	3. 采暖系统附属设备选型	膨胀水箱和集气管的构造、原理及选择

教学方法建议	项目教学法、案例法、讲授法
考核评价要求	过程考核 40%，知识与能力考核 30%，结果考核 30%

热水采暖系统的水力计算知识单元教学要求 表 32

单元名称	热水采暖系统的水力计算	最低学时	14 学时
教学目标	1. 掌握自然循环及机械循环热水采暖系统水力计算方法、步骤； 2. 掌握常用的水力计算图表，能够进行一般热水采暖系统的水力计算； 3. 熟悉管路水力计算的基本原理； 4. 了解热水采暖系统水力计算的任务和方法		

教学内容	知识点	主要学习内容
	1. 水力计算的基本原理	管道沿程压力损失和局部压力损失的概念
	2. 水力计算的方法及步骤	当量阻力法、当量长度法的计算、最不利环路及其他环路的确定及计算
	3. 典型案例分析	自然循环双管热水采暖系统及机械循环单管顺流式热水系统水力计算

教学方法建议	项目教学法、案例法、讲授法
考核评价要求	过程考核 40%，知识与能力考核 30%，结果考核 30%

集中供热系统知识单元教学要求 表 33

单元名称	集中供热系统	最低学时	12 学时
教学目标	1. 掌握热水管网与热用户的连接形式； 2. 熟悉换热站设备的组成，换热器的种类、构造、工作原理及选择计算； 3. 了解热水管网与热用户的连接形式		

教学内容	知识点	主要学习内容
	1. 集中供热系统热负荷的计算	用面积热指标法和体积热指标法计算热负荷
	2. 供热管网与用户的连接方式	直接连接和间接连接系统的类型及原理

教学方法建议	项目教学法、案例法、讲授法
考核评价要求	过程考核 40%，知识与能力考核 30%，结果考核 30%

单元名称	供热管网的布置与敷设	最低学时	8 学时
教学目标	1. 掌握供热管网敷设方式及附属设备的分类与应用； 2. 熟悉枝状管网和环状管网的特点及管线的平面布置要求； 3. 能识读供热管网施工图		

教学内容	知识点	主要学习内容
	1. 供热管网的布置形式	一级管网和二级管网的概念、枝状管网和环状管网的概念
	2. 供热管网的敷设要求	直埋敷设和架空敷设的要求
	3. 供热管网施工图的组成及绘制方法	平面图、系统图、详图的概念及绘制

教学方法建议	项目教学法、案例法、讲授法
考核评价要求	过程考核 40%，知识与能力考核 30%，结果考核 30%

单元名称	供热管网的水力计算 与水压图的绘制	最低学时	12 学时
教学目标	1. 掌握水力计算的方法及步骤； 2. 能够进行小型管网的水力计算； 3. 能利用水压图分析用户与管网的连接方式； 4. 熟悉供热管网水力计算的基本公式及图表； 5. 熟悉水压图的组成、作用及绘制方法； 6. 熟悉热水管网的定压方式，能进行循环水泵及补给水泵的选择计算		

教学内容	知识点	主要学习内容
	1. 供热管网水力计算的方法、步骤	沿程压力损失及局部压力损失的计算方法、各管道流量的计算、管径的选择
	2. 绘制水压图的基本要求、绘制方法、步骤及利用水压图分析用户与管网的连接方式	水压图的组成及作用、绘制水压图的技术要求

教学方法建议	项目教学法、案例法、讲授法
考核评价要求	过程考核 40%，知识与能力考核 30%，结果考核 30%

通风与空调系统知识单元教学要求 表36

单元名称	通风与空调系统知识		最低学时	24 学时
教学目标	1. 了解通风与空调系统的分类方法； 2. 掌握通风与空调系统的特点和适用范围； 3. 掌握通风空调系统的组成与工作原理			
教学内容	知识点	主要学习内容		
	1. 通风系统	机械通风和自然通风、局部和全面通风、进气式和排气式通风		
	2. 空调系统	集中式、半集中式、分散式空调系统；全新风、全回风、部分回风空调系统；全空气、空气-水系统、全水系统、制冷剂系统；高速、低速空调系统		
教学方法建议	项目教学法、案例法			
考核评价要求	过程考核 40%，知识与能力考核 30%，结果考核 30%			

通风与空调系统设计计算知识单元教学要求 表37

单元名称	通风与空调系统设计计算		最低学时	28 学时
教学目标	1. 了解通风与空调系统风道水力计算的方法； 2. 掌握通风与空调系统流速控制法； 3. 掌握通风空调系统设备的选型计算			
教学内容	知识点	主要学习内容		
	1. 水力计算方法	流速控制法、等压损法、静压复得法		
	2. 流速控制法	流速控制法的原理、方法、步骤		
	3. 设备选型计算	表面式换热器、表冷器、喷水室、风机、过滤器、组合式空调机组等的选型计算		
教学方法建议	项目教学法、案例法			
考核评价要求	过程考核 40%，知识与能力考核 30%，结果考核 30%			

通风与空调系统的运行调节知识单元教学要求 表38

单元名称	通风与空调系统的运行调节		最低学时	32 学时
教学目标	1. 了解通风与空调系统运行调节的方法； 2. 掌握焓值控制法； 3. 了解自动控制系统的组成和作用； 4. 了解通风与空调系统测试与调节的方法			
教学内容	知识点	主要学习内容		
	1. 运行调节方法	焓值控制法、二氧化碳浓度控制法		
	2. 焓值控制法	焓值的划分原则、定露点运行、变露点运行		
	3. 自动控制系统组成和作用	自动控制系统的组成、作用、传感器、执行器		
	4. 测试与调节的方法	系统风量、风压、风速的测试与调节、各种测试设备的使用		
教学方法建议	项目教学法、案例法			
考核评价要求	过程考核 40%，知识与能力考核 30%，结果考核 30%			

单元名称	蒸气压缩式制冷的热力学原理	最低学时	8 学时
教学目标	1. 掌握理想制冷循环的工作过程及设备组成； 2. 掌握理论循环的工作过程及设备组成； 3. 掌握理论循环的热力计算		
教学内容	**知识点**	**主要学习内容**	
	1. 理想制冷循环	逆卡诺循环的工作过程及设备组成、逆卡诺循环制冷系数的计算、逆卡诺循环实现不了的原因	
	2. 理论制冷循环	理论循环的工作过程及设备组成、理论循环在压焓图上的表示、理论循环的热力计算	
教学方法建议	项目教学法、案例法		
考核评价要求	过程考核 40%，知识与能力考核 30%，结果考核 30%		

单元名称	制冷剂和载冷剂	最低学时	6 学时
教学目标	1. 掌握常用制冷剂的种类； 2. 熟悉常用制冷剂的性质； 3. 掌握常用载冷剂的种类		
教学内容	**知识点**	**主要学习内容**	
	1. 制冷剂种类及性质	制冷剂的种类、制冷剂的代号表示、常用制冷剂的性质	
	2. 载冷剂种类及性质	常用的载冷剂及其性质	
教学方法建议	项目教学法、案例法		
考核评价要求	过程考核 40%，知识与能力考核 30%，结果考核 30%		

单元名称	制冷设备	最低学时	22 学时
教学目标	1. 掌握活塞式制冷压缩机的工作原理及分类； 2. 了解其他形式的制冷压缩机； 3. 掌握冷凝器的种类及工作原理； 4. 掌握蒸发器的种类及工作原理； 5. 掌握节流机构的种类及工作原理； 6. 熟悉常用的辅助设备		
教学内容	**知识点**	**主要学习内容**	
	1. 压缩机	压缩机的分类、活塞式压缩机的工作原理及分类、螺杆式压缩机、离心式压缩机、涡旋式压缩机	
	2. 冷凝器	冷凝器的种类及工作原理	
	3. 蒸发器	蒸发器的种类及工作原理	
	4. 节流机构	节流机构的种类及工作原理	
	5. 辅助设备	常用的辅助设备	
教学方法建议	项目教学法、案例法		
考核评价要求	过程考核 40%，知识与能力考核 30%，结果考核 30%		

冷源系统知识单元教学要求   表 42

单元名称	冷源系统		最低学时	16 学时
教学目标	1. 掌握冷水机组的种类及特点； 2. 掌握冷却水系统的形式； 3. 掌握冷冻水系统的形式； 4. 掌握制冷机房工艺设计的原则和方法			
教学内容	知识点		主要学习内容	
	1. 冷水机组		冷水机组的种类及特点	
	2. 冷却水系统		冷却水系统的形式	
	3. 冷冻水系统		冷冻水系统的形式	
	4. 制冷机房的工艺设计		工艺设计的原则和方法	
教学方法建议	项目教学法、案例法			
考核评价要求	过程考核 40%，知识与能力考核 30%，结果考核 30%			

吸收式制冷知识单元教学要求   表 43

单元名称	吸收式制冷		最低学时	8 学时
教学目标	1. 掌握吸收式制冷的工作原理； 2. 掌握溴化锂吸收式制冷机的工艺流程			
教学内容	知识点		主要学习内容	
	1. 吸收式制冷的工作原理		吸收式制冷的工作原理	
	2. 溴化锂吸收式制冷机		单效溴化锂吸收式制冷机、双效溴化锂吸收式制冷机、直燃型溴化锂吸收式冷热水机组	
教学方法建议	项目教学法、案例法			
考核评价要求	过程考核 40%，知识与能力考核 30%，结果考核 30%			

工程建设程序与建设工程项目知识单元教学要求   表 44

单元名称	工程建设程序与建设工程项目		最低学时	6 学时
教学目标	1. 熟悉工程建设的基本程序； 2. 掌握建设工程组成项目的划分			
教学内容	知识点		主要学习内容	
	1. 工程建设程序		工程建设的决策阶段、设计阶段、准备和实施阶段、生产准备与竣工验收等各阶段的任务与要求	
	2. 建设工程项目的组成与划分		单项工程、单位工程、分部工程、分项工程的划分及特征	
教学方法建议	项目教学法、案例法、讲授法			
考核评价要求	过程考核 40%，知识与能力考核 30%，结果考核 30%			

《建设工程工程量清单计价规范》与安装工程计价定额知识单元教学要求　表 45

单元名称	《建设工程工程量清单计价规范》与安装工程计价定额		最低学时	8 学时
教学目标	1. 了解工程量清单计价的意义和清单计价与定额计价的区别； 2. 熟悉工程量清单计价的特点； 3. 掌握工程量清单计价的招标标底和投标控制价的区别			
教学内容	知识点	主要学习内容		
	1.《工程量清单计价规范》解读	工程量清单计价的目的意义、计价规范的特点、工程量清单计价和定额计价的区别、工程量清单计价的招标标底和投标控制价的区别		
	2. 安装工程计价定额的组成、内容与应用	安装工程计价定额、安装工程计价定额的主要内容、按规定计取的各项费用的计取办法		
教学方法建议	项目教学法、案例法、讲授法			
考核评价要求	过程考核 40%，知识与能力考核 30%，结果考核 30%			

安装工程造价知识单元教学要求　表 46

单元名称	安装工程造价		最低学时	10 学时
教学目标	1. 掌握清单计价模式下费用组成及计取方法； 2. 掌握定额计价模式下费用组成及计取方法			
教学内容	知识点	主要学习内容		
	1. 清单计价模式下费用组成及计取方法	工程量清单的编制、工程量清单计价、工程量清单及计价格式、清单计价模式下费用组成及计取方法		
	2. 定额计价模式下费用组成及计取方法	定额计价模式下各项费用组成及计取方法、定额计价模式下费用文件格式		
教学方法建议	项目教学法、案例法、讲授法			
考核评价要求	过程考核 40%，知识与能力考核 30%，结果考核 30%			

单位工程施工图预算的编制知识单元教学要求　表 47

单元名称	单位工程施工图预算的编制		最低学时	28 学时
教学目标	1. 熟悉单位工程施工图预算编制的程序； 2. 掌握单位工程施工图预算编制的方法和步骤			
教学内容	知识点	主要学习内容		
	1. 单位工程施工图预算编制的程序、方法和步骤	单位工程施工图预算编制的方法		
	2. 建筑给水排水工程造价的编制	建筑给水排水工程量计算规则及工程量统计、建筑给水排水工程清单计价和定额计价模式下工程造价编制		
	3. 建筑采暖工程造价的编制	建筑采暖工程量计算规则及工程量统计、建筑采暖工程清单计价和定额计价模式下工程造价编制		
	4. 通风空调工程造价的编制	通风空调工程量计算规则及工程量统计、通风空调工程清单计价和定额计价模式下工程造价编制		
	5. 锅炉房（或热力站）工艺管道工程造价的编制	锅炉房（或热力站）工艺管道工程量计算规则及工程量统计、锅炉房（或热力站）工艺管道工程清单计价和定额计价模式下工程造价编制		
教学方法建议	项目教学法、案例法、讲授法			
考核评价要求	过程考核 40%，知识与能力考核 30%，结果考核 30%			

安装工程施工预算知识单元教学要求　　　　　　　　　**表 48**

单元名称	安装工程施工预算		最低学时	8 学时
教学目标	1. 了解安装工程施工预算的编制程序； 2. 熟悉安装工程施工预算编制案例			
教学内容	知识点	主要学习内容		
	1. 施工预算的编制程序	安装工程施工预算的编制程序		
	2. 施工预算编制案例法	安装工程施工预算编制案例		
教学方法建议	项目教学法、案例法、讲授法			
考核评价要求	过程考核 40%，知识与能力考核 30%，结果考核 30%			

单位工程施工组织设计知识单元教学要求　　　　　　　　　**表 49**

单元名称	单位工程施工组织设计		最低学时	30 学时
教学目标	1. 了解单位工程施工组织设计的编制程序； 2. 熟悉组织施工基本方法； 3. 掌握流水施工进度计划的编制方法； 4. 掌握网络图计划技术			
教学内容	知识点	主要学习内容		
	1. 单位工程施工组织设计的编制程序	施工组织设计的分类、内容		
	2. 组织施工基本方法	依次施工、平行施工、流水施工		
	3. 流水施工的基本原理	流水施工主要参数、组织流水施工的基本方法		
	4. 网络图计划技术	网络图计划的基本概念、双代号网络图的绘制、单代号网络图的绘制		
教学方法建议	项目教学法、案例法、讲授法			
考核评价要求	过程考核 40%，知识与能力考核 30%，结果考核 30%			

工程招投标与合同管理知识单元教学要求　　　　　　　　　**表 50**

单元名称	工程招投标与合同管理		最低学时	12 学时
教学目标	1. 了解工程招投标分类； 2. 熟悉招投标的程序和方法； 3. 掌握招标文件和投标文件的编制方法			
教学内容	知识点	主要学习内容		
	1. 工程招投标分类，招投标的程序和方法	招标工程具备条件，招标方式和程序		
	2. 编制招标文件	招标文件的主要内容		
	3. 编制投标文件	投标文件的主要内容		
教学方法建议	项目教学法、案例法、讲授法			
考核评价要求	过程考核 40%，知识与能力考核 30%，结果考核 30%			

单元名称	建筑给水系统	最低学时	12 学时
教学目标	\+1. 熟悉常用的管材、阀门、水表、卫生器具及冲洗设备的类型与作用； 2. 掌握建筑给水系统的组成、给水方式的选择； 3. 熟悉给水管道的布置与敷设要求及给水常用设备； 4. 熟悉建筑用水定额与水力计算方法； 5. 了解高层建筑给水系统的特点		

教学内容	知识点	主要学习内容
	1. 系统的组成	给水系统的分类、给水系统的组成
	2. 给水方式的选择	建筑给水系统所需水压、常用给水方式及其特点
	3. 布置与敷设	管道的布置、管道的敷设
	4. 管材、水表、阀门及常用给水设备	管材、管件及连接方式、管道附件及水表、卫生器具及冲洗设备安装；增压贮水设备
	5. 设计流量的计算	用水量标准、最高日用水量、最大时用水量、设计秒流量的确定
	6. 水力计算	管径的确定方法、水头损失的计算、水力计算步骤、设计计算实例

教学方法建议	项目法、案例法、分组训练法
考核评价要求	过程考核 40%，知识与能力考核 30%，结果考核 30%

建筑消防系统知识单元教学要求 表 52

单元名称	建筑消防系统	最低学时	10 学时
教学目标	1. 掌握室内消火栓给水系统和自动喷水灭火系统的组成与功能； 2. 熟悉水力计算方法； 3. 了解高层建筑消防给水系统的特点		

教学内容	知识点	主要学习内容
	1. 消火栓系统组成、工作原理及设计计算	消火栓给水系统的组成、供水方式和设置场所、用水量、室内消火栓的布置、消防管道的布置、水力计算、消防水箱和消防水池、设计计算实例
	2. 自动喷淋灭火系统组成、工作原理及设计计算	闭式自动喷水灭火系统组成及工作原理、开式自动喷水灭火系统组成及工作原理、设计计算实例
	3. 其他灭火系统	灭火器的设置场所及危险等级、灭火器的灭火级别与类型、灭火器的配置

教学方法建议	项目法、案例法、分组训练法
考核评价要求	过程考核 40%，知识与能力考核 30%，结果考核 30%

单元名称	建筑排水系统	最低学时	12 学时
教学目标	1. 掌握建筑排水系统的组成和排水体制； 2. 熟悉排水管道的布置与敷设要求； 3. 熟悉建筑排水定额与水力计算方法； 4. 了解新型单立管排水系统		

教学内容	知识点	主要学习内容
	1. 系统的组成及排水体制	排水系统的分类、排水体制、排水系统的组成
	2. 布置与敷设	排水管道的布置原则、排水管道的敷设、排水系统的灌水试验、通球试验
	3. 设计流量的计算	排水量标准、设计秒流量的确定
	4. 水力计算	设计计算规定、水力计算的方法和步骤

教学方法建议	项目法、案例法、分组训练法
考核评价要求	过程考核 40%，知识与能力考核 30%，结果考核 30%

（2）核心技能单元教学要求见表 54～表 64。

单元名称	绘图基础训练	最低学时	4 学时
教学目标	专业能力： 1. 具有独立识读工程图的能力； 2. 掌握绘制工程图的标准。 方法能力： 1. 在识读施工图的基础上能够运用 CAD 按步骤绘图； 2. 能够运用 CAD 绘制符合制图标准的图线。 社会能力： 1. 具有较强的与客户交流沟通的能力、良好的语言表达能力； 2. 具有严谨的工作态度和团队协作、吃苦耐劳的精神，爱岗敬业、遵纪守法，自觉遵守职业道德和行业规范		

教学内容	技能点	主要训练内容
	1. 识读水暖施工图	识读水暖平面图、系统图；识读通风、空调平面图和系统图
	2. 熟悉制图标准	平面图制图标准、系统图绘制方法和步骤

教学方法建议	讲授法、项目法、分组训练法
教学场所要求	在校内绘图室及机房
考核评价要求	过程考核 40%，知识与能力考核 30%，结果考核 30%

应用计算机辅助设计软件绘制工程图技能单元教学要求

表 55

单元名称	应用计算机辅助设计软件绘制工程图		最低学时	26 学时
教学目标	专业能力： 1. 具有熟练、灵活运用 AutoCAD 各种操作命令的能力； 2. 具有运用 AutoCAD 绘制和编辑基本图形的能力。 方法能力： 1. 具有独立运用 CAD 基本绘图命令绘制工程图的能力； 2. 具有运用 CAD 基本编辑命令修改工程图的能力； 3. 具有打印 CAD 工程图的能力。 社会能力： 1. 具备一定的设计创新能力； 2. 具备自主学习、独立分析问题和解决问题的能力			
教学内容	技能点	主要训练内容		
	1. 建筑平面图绘制	图层设置；图框绘制；轴线绘制；墙体绘制与编辑；门窗洞口绘制；尺寸标注；文字标注		
	2. 水暖平面图绘制	图层设置；卫生器具、散热设备绘制；立管绘制；支管绘制；干管绘制；尺寸标注；文字标注		
	3. 水暖系统图绘制	立管绘制；支管绘制；卫生器具；散热设备绘制；干管绘制；尺寸标注；文字标注		
教学方法建议	讲授法、项目法、分组训练法			
教学场所要求	在校内绘图室及机房			
考核评价要求	过程考核 40%，知识与能力考核 30%，结果考核 30%			

钣金工技能单元教学要求

表 56

单元名称	钣金工	最低学时	30 学时
教学目标	专业能力： 1. 能够掌握常用工具的使用及维护； 2. 能够制作样板、样模； 3. 能够使用划线工具和样板，进行工件划线、号孔、放样； 4. 能够对薄板材进行矫平、下料、卷板、咬接或铆接； 5. 能够使用铆接机械设备对金属构件进行拼接与调整； 6. 能够制作锥形筒体、四角斗形、等径三通、直角弯头等。 方法能力： 1. 具有工程技术操作规程的应用能力； 2. 具有工程验收和整改的能力； 3. 具有施工方案设计和施工实现的能力； 4. 具有项目总结和对数据进行处理的能力。 社会能力： 1. 具备一定的设计创新能力，能自主学习、独立分析问题和解决问题的能力； 2. 具有较强的交流沟通能力、良好的语言表达能力； 3. 具有严谨的工作态度和团队协作、吃苦耐劳的精神，爱岗敬业、遵纪守法，自觉遵守职业道德和行业规范		

单元名称	钣金工	最低学时	30 学时
教学内容	**技能点**	**主要训练内容**	
	常用工具的使用及维护保养	工作台；划线工具；锤子；剪刀；电动剪；手锯；铆枪	
	简单构件的展开图	两节弯管的展开；圆管 90°弯头的展开；变径管的展开；天圆地方的展开	
	下料、连接	铁皮的下料；咬口连接；整圆和翻边操作	
教学方法建议	任务驱动法、案例法		
教学场所要求	校内实训场		
考核评价要求	过程考核 40％，能力考核 30％，结果考核 30％		

管道工技能单元教学要求 表 57

单元名称	管道工	最低学时	30 学时
教学目标	专业能力： 1. 能够掌握常用工具的使用及维护； 2. 能够进行长度、标高、垂直度和立体尺寸的测定； 3. 能够进行钢管的切削、调直、套丝； 4. 能够根据管件形式进行管道长度的下料，管道和配件的连接及简单系统的安装； 5. 能够使用工具进行管道的沟槽连接； 6. 能够使用工具进行塑料管热熔连接。 方法能力： 1. 具有工程技术操作规程的应用能力； 2. 具有工程验收和整改的能力； 3. 具有施工方案设计和施工实现的能力； 4. 具有项目总结和对数据进行处理的能力。 社会能力： 1. 具备一定的设计创新能力，能自主学习、独立分析问题和解决问题的能力； 2. 具有较强的交流沟通能力、良好的语言表达能力； 3. 具有严谨的工作态度和团队协作、吃苦耐劳的精神，爱岗敬业、遵纪守法，自觉遵守职业道德和行业规范		
教学内容	**技能点**	**主要训练内容**	
	常用工具的使用及维护保养	钢卷尺、手锤、钢锯、扳手、管钳、台虎钳、铰板、热熔机、沟槽机	
	钢管的连接	钢管的下料、切削、套丝；管道和配件的连接；沟槽连接；质量评定、分析质量问题原因	
	塑料管的连接	塑料管的下料、粘接、热熔连接；质量评定、分析质量问题原因	
教学方法建议	任务驱动法、案例法		
教学场所要求	校内实训场		
考核评价要求	过程考核 40％，能力考核 30％，结果考核 30％		

单元名称	电工	最低学时	30 学时
教学目标	专业能力： 1. 能够了解常用电工材料规格及使用特点； 2. 能够识读电气施工图纸； 3. 能够掌握室内电气安装工程的施工工艺过程； 4. 能够正确使用常用工具和机具； 5. 能够组织室内电气安装施工； 6. 能够对室内电气安装工程进行质量验收并提出整改方案。 方法能力： 1. 具有对室内电气安装工程问题进行处理的能力； 2. 具有工程技术规程、规范的应用能力； 3. 具有施工方案设计和施工实现的能力； 4. 具有工程验收和整改的能力； 5. 具有技术资料整理的能力。 社会能力： 1. 具备独立分析问题和解决问题的能力； 2. 具有较强交流沟通的能力和良好的语言表达能力； 3. 具有严谨的工作态度和团队协作、吃苦耐劳的精神，爱岗敬业、遵纪守法，自觉遵守职业道德和行业规范		
教学内容	技能点	主要训练内容	
	线管与线盒的敷设施工	依据施工图纸制订施工方案，按照图纸完成施工内容；进行质量检验、分析质量缺陷原因并提出改进措施等	
	各种线材连接、设备安装	依据施工图纸制订施工方案，按照图纸完成施工内容；进行质量检验、分析质量缺陷原因并提出改进措施等	
	弱电系统施工	依据施工图纸根据不同系统选择线材制订施工方案，组织施工，按照图纸完成施工内容；进行质量检验、分析质量缺陷原因并提出改进措施等	
教学方法建议	任务驱动法、案例法		
教学场所要求	校内实训场		
考核评价要求	过程考核 40%，能力考核 30%，结果考核 30%		

单元名称	多层住宅楼采暖系统设计	最低学时	30 学时
教学目标	专业能力： 1. 能够掌握室内采暖系统的组成； 2. 能够识读、绘制室内采暖系统施工图纸； 3. 能够掌握国家相关设计规范的内容； 4. 能够进行室内采暖系统设计方案的确定； 5. 能够正确布置管道和选择相关的设备。 方法能力： 1. 具有最基本的收集资料能力，发现问题、独立自主的分析问题和解决问题的能力； 2. 具有工程技术规范应用的能力； 3. 具有确定设计方案的能力； 4. 具有技术资料整理能力； 5. 具有项目总结和对数据进行处理的能力。 社会能力： 1. 具备一定的设计创新能力，能自主学习、独立分析问题和解决问题的能力； 2. 具有较强的与客户交流沟通的能力、良好的语言表达能力； 3. 具有严谨的工作态度和团队协作、吃苦耐劳的精神，爱岗敬业、遵纪守法，自觉遵守职业道德和行业规范		

单元名称	多层住宅楼采暖系统设计	最低学时	30 学时
教学内容	**技能点**	**主要训练内容**	
	采暖热负荷的计算	根据土建图纸提供的资料，按照相关国家设计规范的规定进行房间采暖热负荷的计算	
	系统布置和散热设备的选型及散热面积和片数的计算	根据土建提供的资料设计供热方案，选择相应的散热设备；根据相应散热设备的技术参数计算所需散热面积及相应片数	
	室内采暖系统管道的布置和敷设	根据土建提供的资料及国家相关的设计规范、节能的要求，经过技术经济分析确定室内采暖系统的布置方案	
	室内采暖系统管道的水力计算	根据管道水力计算的基本原理进行管路的水力计算确定室内采暖系统各管段的管径及压力损失	
	绘制室内采暖系统施工图纸	绘制采暖系统平面图、采暖系统图、节点详图或索引国家有关标准图集、编写设计及施工说明	
教学方法建议	任务驱动法、案例法		
教学场所要求	校内完成		
考核评价要求	过程考核 40%，知识与能力考核 30%，结果考核 30%		

办公楼采暖系统设计技能单元教学要求　　　　　　　　　　　**表 60**

单元名称	办公楼采暖系统设计	最低学时	30 学时
教学目标	专业能力： 1. 能够掌握室内采暖系统的组成； 2. 能够识读、绘制室内采暖系统施工图纸； 3. 能够掌握国家相关的设计规范的内容； 4. 能够进行室内采暖系统设计方案的确定； 5. 能够正确布置管道和选择相关的设备。 方法能力： 1. 具有最基本的收集资料能力，发现问题、独立自主的分析问题和解决问题的能力； 2. 具有工程技术规范应用的能力； 3. 具有确定设计方案的能力； 4. 具有技术资料整理的能力； 5. 具有项目总结和对数据进行处理的能力。 社会能力： 1. 具备一定的设计创新能力，能自主学习、独立分析问题和解决问题的能力； 2. 具有较强的与客户交流沟通的能力、良好的语言表达能力； 3. 具有严谨的工作态度和团队协作、吃苦耐劳的精神，爱岗敬业、遵纪守法，自觉遵守职业道德和行业规范		

单元名称	办公楼采暖系统设计	最低学时	30 学时

教学内容	技能点	主要训练内容
	采暖热负荷的计算	根据土建图纸提供的资料，按照相关国家设计规范的规定进行房间采暖热负荷的计算
	系统布置和散热设备的选型及散热面积和片数的计算	根据土建提供的资料设计供热方案，选择相应的散热设备；根据相应散热设备的技术参数计算所需散热面积及相应片数
	室内采暖系统管道的布置和敷设	根据土建提供的资料及国家相关的设计规范、节能的要求，经过技术经济分析确定室内采暖系统的布置方案
	室内采暖系统管道的水力计算	根据管道水力计算的基本原理进行管路的水力计算，确定室内采暖系统各管段的管径及压力损失
	绘制室内采暖系统施工图纸	绘制采暖系统平面图、采暖系统图、节点详图或索引国家有关标准图集、编写设计及施工说明

教学方法建议	任务驱动法、案例法
教学场所要求	校内完成
考核评价要求	过程考核 40%，知识与能力考核 30%，结果考核 30%

暖卫工程施工图预算的编制技能单元教学要求　　　　表 61

单元名称	暖卫工程施工图预算的编制	最低学时	30 学时
教学目标	专业能力： 1. 能够识读暖卫工程施工图； 2. 能够掌握暖卫工程造价各项费用的组成与计取办法； 3. 能够掌握暖卫工程工程量计算规则； 4. 能够掌握安装工程预算定额的使用方法； 5. 能够正确进行安装工程材料询价，正确使用有关费用文件。 方法能力： 1. 具有最基本的收集资料能力，发现问题、独立分析问题和解决问题的能力； 2. 具有工程技术规范、安装工程定额、有关费用文件应用的能力； 3. 具有处理未计价主材的询价能力； 4. 具有计价软件应用的能力。 社会能力： 1. 具备一定的创新能力，能自主学习、独立分析问题和解决问题的能力； 2. 具有较强的与客户交流沟通的能力、良好的语言表达能力； 3. 具有严谨的工作态度和团队协作、吃苦耐劳的精神，爱岗敬业、遵纪守法，自觉遵守职业道德和行业规范		

单元名称	暖卫工程施工图预算的编制		最低学时	30 学时
	技能点		主要训练内容	
教学内容	了解和收集工程造价的编制依据和有关费用文件		根据暖卫工程特点选择所需安装工程定额,收集当时当地有关安装工程造价费用文件	
	划分分项工程项目、统计计算工程量		根据安装工程定额工程量计算规则划分和排列分项工程项目,统计计算工程量	
	套定额确定安装工程直接费		根据安装工程定额或预算软件计算暖卫工程直接费、根据当时当地工程造价主管部门发布的信息或市场询价的方法确定相应分项工程项目的主材费	
	确定安装工程造价		根据当时当地有关费用文件计取间接费、利润和税金,汇总暖卫工程造价	
教学方法建议	任务驱动法、案例法			
教学场所要求	校内完成			
考核评价要求	过程考核 40%,知识与能力考核 30%,结果考核 30%			

通风空调工程施工图预算的编制技能单元教学要求 表 62

单元名称	通风空调工程施工图预算的编制	最低学时	30 学时
教学目标	专业能力: 1. 能够识读通风空调工程施工图; 2. 能够掌握通风空调工程造价各项费用的组成与计取办法; 3. 能够掌握通风空调工程工程量计算规则; 4. 能够掌握安装工程预算定额的使用方法; 5. 能够正确进行安装工程材料询价,正确使用有关费用文件。 方法能力: 1. 具有最基本的收集资料能力,发现问题、独立分析问题和解决问题的能力; 2. 具有工程技术规范、安装工程定额、有关费用文件应用的能力; 3. 具有处理未计价主材的询价能力; 4. 具有计价软件应用的能力。 社会能力: 1. 具备一定的创新能力,能自主学习、独立分析问题和解决问题的能力; 2. 具有较强的与客户交流沟通的能力、良好的语言表达能力; 3. 具有严谨的工作态度和团队协作、吃苦耐劳的精神,爱岗敬业、遵纪守法,自觉遵守职业道德和行业规范		

单元名称	通风空调工程施工图预算的编制		最低学时	30 学时
教学内容	技能点	主要训练内容		
	了解和收集工程造价的编制依据和有关费用文件	根据通风空调工程特点选择所需安装工程定额；收集当时当地有关安装工程造价费用文件		
	划分分项工程项目、统计计算工程量	根据安装工程定额工程量计算规则划分和排列分项工程项目，统计计算工程量		
	套定额确定安装工程直接费	根据安装工程定额或预算软件计算通风空调工程直接费；根据当时当地工程造价主管部门发布的信息或市场询价的方法确定相应分项工程项目的主材费		
	确定安装工程造价	根据当时当地有关费用文件计取间接费、利润和税金，汇总通风空调工程造价		
教学方法建议	任务驱动法、案例法			
教学场所要求	校内完成			
考核评价要求	过程考核 40%，知识与能力考核 30%，结果考核 30%			

小型工业厂房通风设计技能单元教学要求   表 63

单元名称	小型工业厂房通风设计	最低学时	15 学时
教学目标	专业能力： 1. 能够掌握工业厂房通风系统的组成； 2. 能够识读、绘制工业厂房施工图纸； 3. 能够掌握国家相关设计规范的内容； 4. 能够进行厂房通风设计方案的确定； 5. 能够正确布置和选择相关的设备。 方法能力： 1. 具有最基本的收集资料能力，发现问题、独立分析问题和解决问题的能力； 2. 具有工程技术规范应用的能力； 3. 具有确定设计方案的能力； 4. 具有技术资料整理能力； 5. 具有项目总结和对数据进行处理的能力。 社会能力： 1. 具备一定的设计创新能力，能自主学习、独立分析问题和解决问题的能力； 2. 具有较强的与客户交流沟通的能力、良好的语言表达能力； 3. 具有严谨的工作态度和团队协作、吃苦耐劳的精神，爱岗敬业、遵纪守法，自觉遵守职业道德和行业规范		

单元名称	小型工业厂房通风设计		最低学时	15 学时
教学内容	技能点	主要训练内容		
	通风方案的确定	根据厂房工艺提供的资料及国家相关的设计规范、节能的要求，经过技术经济分析确定通风方案		
	通风量的计算	根据厂房工艺提供的资料，按照相关国家设计规范的规定进行系统通风量的计算		
	系统布置和设备的选型	根据设计方案和计算的通风量，通过相关的计算确定相应的设备，并根据相应设计规范的要求布置设备；进行水力计算并选择风机		
教学方法建议	任务驱动法、案例法			
教学场所要求	校内完成			
考核评价要求	过程考核 40％，知识与能力考核 30％，结果考核 30％			

办公楼空调设计技能单元教学要求 表 64

单元名称	办公楼空调设计		最低学时	15 学时
教学目标	专业能力： 1. 能够掌握房间冷负荷的计算方法； 2. 能够识读和绘制空调施工图； 3. 能够确定空调系统设计方案； 4. 能够掌握国家相关的设计规范的内容； 5. 能够正确布置和选择相关的设备。 方法能力： 1. 具有最基本的收集资料能力，发现问题、独立分析问题和解决问题的能力； 2. 具有工程技术规范应用的能力； 3. 具有确定设计方案的能力； 4. 具有技术资料整理的能力； 5. 具有项目总结和对数据进行处理的能力。 社会能力： 1. 具备一定的设计创新能力，能自主学习、独立分析问题和解决问题的能力； 2. 具有较强的与客户交流沟通的能力、良好的语言表达能力； 3. 具有严谨的工作态度和团队协作、吃苦耐劳的精神，爱岗敬业、遵纪守法，自觉遵守职业道德和行业规范			
教学内容	技能点	主要训练内容		
	空调方案的确定	根据建筑工艺图纸确定空调方案		
	房间冷负荷的计算	根据冷负荷系数法计算空调房间的设计冷负荷		
	设备、管道的选型与布置	根据空调设计方案和冷负荷，计算出相应的设备、管道的规格和型号，并根据设计规范的规定布置设备		
教学方法建议	任务驱动法、案例法			
教学场所要求	校内完成			
考核评价要求	过程考核 40％，知识与能力考核 30％，结果考核 30％			

9 专业办学基本条件和教学建议

9.1 专业教学团队

1. 专业带头人

专业带头人 1～2 名，应具有高级职称并具备较高的教学水平和实践能力，具有行业企业技术服务或技术研发能力，在本行业及专业领域具有一定的影响力。能够主持专业建设规划、教学方案设计、专业建设工作，能够为企业提供技术服务，能够主持市地级及以上教学或应用技术科研项目或担任院级及以上精品课程负责人。专业带头人必须是"双师型"教师。

2. 师资数量

专业教师的人数应和学生规模相适应，生师比不大于 18：1，专业教师不少于 8 人，其中暖通空调类课程教师不少于 3 人，热工与流体力学教师不少于 1 人，建筑电气类教师不少于 1 人，建筑给水排水类教师不少于 1 人，专业实训教师不少于 2 人。必须配备专职的通风空调工程、供热工程、建筑给水排水工程、热工和流体力学、预算与施工组织管理课程及实训的教师。其他基础课和相关课程教师可与其他专业共用。主要专任专业教师不少于 5 人。

3. 师资水平及结构

专业教师应具有大学本科及以上学历，并且具有两年以上的企业工作经历，其中研究生学历不少于 2 人，具有高级以上职称的专业教师占专业教师总数的 30% 以上，并不少于 2 人。兼职专业教师除满足学历条件外，还应具备 5 年以上的实践年限，企业兼职教师承担的专业课程比例不少于 35%。

9.2 教学设施

1. 校内实训条件

有供本专业进行工种操作技能训练和专业实训的实训场所及有关设备，有测试仪器和必需的教具模型及阀门、管材、管件等器材实样，以满足教学需要。根据专业培养方案的要求，具有相应职业技能鉴定的实习实训设备和进行鉴定的条件。

注重一体化实训室建设，整合现有专业群实训资源，满足专业群涉及的技术大类和工学交替的教学需要，兼顾教师科技开发与对外工程技术服务、企业员工培训与技能鉴定。

供热通风与空调工程技术专业校内实训条件要求 表 65

序号	实训项目	实训类别	主要设备	单位	数量	实训室面积
1	建筑 CAD 实训	基本实训	电脑和网络系统	台	50	不小于 150m²
2	钣金工实训	基本实训	工具箱	套	30	不小于 200m²
		选择实训	剪床、折弯机、咬口机等	套	1	

序号	实训项目	实训类别	主要设备	单位	数量	实训室面积
3	管道工实训	基本实训 选择实训	工具箱	套	30	不小于200m²
			切割机、套丝机、电焊机等	套	8	
4	电工实训	基本实训 选择实训	电工工具箱	套	30	不小于150m²
5	安装工程造价实训	基本实训	工程量清单计价软件（网络版）	套	1	不小于150m²（电脑可与建筑CAD实训室共用）
			电脑及网络系统	台	50	
6	综合布线系统实训	拓展实训	综合布线常用设备及附件	套	10	不小于150m²
			工具箱	套	30	
7	建筑设备系统运行管理实训	选择实训	模型结构：中央空调系统（包括全空气系统、风机盘管系统、洁净空调系统等常见系统）；DDC控制器或C—Bus等总线；联动和系统集成的接口；探测器、执行器等设备	套	1	不小于400m²
8	室内空气质量检测	拓展实训	风速仪、数位温湿度表、微电脑数字压力表、甲醛、氨测定仪、气体检测报警仪、噪声振动测量仪器	套	1	不小于100m²
9	建筑能耗分析软件应用	拓展实训	建筑能耗分析软件	套	1	不小于100m²

注：表中实训设备及场地按一个教学班同时训练计算。

2. 校外实训基地的基本要求

有稳定的校外实习基地，与用人单位建立长期稳定的产教结合关系，以解决各类实训的教学需要。

充分利用当地的建筑企业优势，探索校企双赢机制，扩大合作领域，实现深度融合，与一定数量的企业签订校企合作协议，以满足学生进行工学交替、顶岗实习的需要。调整充实以企业工程技术人员为主体的建筑设备类专业指导委员会，建立有企业参与的质量管理体系、质量保障体系和质量监控体系，提高教学质量和管理水平。

3. 信息网络教学条件

设有计算机房，计算机数量应能满足学生上机训练的需要并达到办学水平评估要求。具有必备的通用软件和专业设计软件，计算机机型能满足专业应用需要。

计算机房、教室、实训室等教学场所应具备上网收集教学资料的条件。

9.3 教材及图书、数字化（网络）资料等学习资源

1. 教材

可选择正式出版的高职高专教材，也可根据学校自身情况使用自编教材或讲义。

2. 图书及数字化资料

图书资料包括：专业书刊、法律法规、规范规程、教学文件、数字化（网络）教学资料、教学应用资料。

（1）图书和期刊资料

1）学校图书馆应有适用的本专业和相关书籍数量要满足教学评估的要求；

2）有专业及相关期刊 5 种以上；

3）有较齐全和一定数量的建设法律法规文件资料、规范规程和工程定额；

4）有一定数量且适用的电子读物，并经常更新。

（2）多媒体教学资料

具有一定数量的教学光盘、多媒体教学课件、数字化网络等资料，并能不断更新、充实内容和数量，年更新量在 10％ 以上。

（3）教学应用资料

1）有本专业教育标准、专业培养方案等教学文件；

2）有一定数量的专业技术资料（专业工程施工图、标准图集、规范、定额等）和教学交流资料。

9.4 教学方法、手段与教学组织形式建议

职业岗位课程教学以行动导向开展教学设计和组织实施教学，使学生在学中做、在做中学，充分发挥学生自主学习的积极性和团队学习的创造性，灵活应用专业知识分析问题、解决问题，培养学生进行施工安装的信息收集、方案策划、组织管理、质量验收的能力。

通过专业类工学结合课程的学习，使学生掌握专业必备够用的理论知识和单项技能，培养职业素质；经过校内综合实训与毕业综合实践的历练，采用团队学习方式，完成系列完整的建筑设备安装全过程实训，使学生掌握专业的职业综合技能，提升职业素质，培养适应建筑设备安装岗位需要的职业操守；实施课程学习与考证相结合，通过顶岗实习使学生掌握岗位综合技能，培养综合职业素质，实现与职业岗位对接。

具体可采用理实一体教学法、模块化教学法、情境教学法、任务驱动教学法、项目导向教学法、尝试式教学法、演示教学法、启发式教学法、现场教学法等教学方法。实际教学过程中教师根据不同的教学内容采用不同的教学方法，要做到灵活有效。

9.5 教学评价、考核建议

评价用采用自我评价、教师评价、企业评价三种方式进行；评价的等级按优秀、良

好、及格和不及格四个等级评价。

根据不同的教学内容采用不同的教学评价组织方式。理实一体类课程要结合平时实训内容进行评价，并与理论考试成绩相结合给定课程成绩；校内实训类课程以实训内容和产品的质量为主进行评价；以职业技能培训为目的的实训课程用职业技能的考核标准对学生进行考核，以取得相应的职业资格证书；校外实习实训的成绩由企业根据企业的岗位标准和岗位职责对学生进行考核。

9.6 教学管理

加强各项教学管理规章制度建设，完善教学质量监控与保障体系，形成教学督导、教师、学生、社会教学评价体系以及完整的信息反馈系统。同时，针对不同生源特点、教学模式，各学校应根据实际情况明确教学管理重点与制定管理模式，并充分利用企业参与对实习实训学生的教学管理。建立可行的激励机制和奖惩制度，加强对毕业生质量跟踪调查和收集企业对专业人才需求反馈的信息。

10 继续学习深造建议

根据学习情况和自身条件，学生毕业后可继续学习深造，通过自学考试、成人高考、专升本等形式取得建筑环境与设备工程专业（2012 年该专业更名为建筑环境与能源应用工程）或热能工程专业的本科文凭。

供热通风与空调工程技术专业教学基本要求实施示例

1 构建课程体系的架构与说明

根据供热通风与空调工程技术专业对应岗位群的公共技能和素质要求，确定8门职业基础课程；根据建筑安装工程施工员核心岗位的工作任务与要求，参照相关的职业资格标准，按照建筑安装工程的实际工作过程确定10门职业岗位课程；根据专业对应岗位群的工作任务与程序，充分考虑学生的岗位适应能力和职业迁移能力，确定7门职业拓展课程（见附图1）。

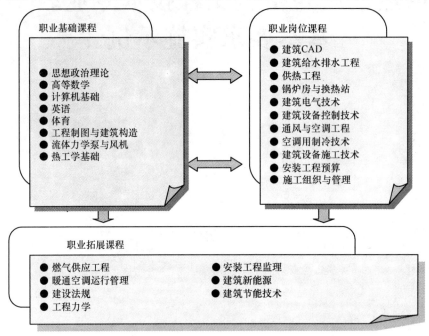

附图1　供热通风与空调工程技术专业课程体系架构图

2 专业核心课程简介

供热工程课程简介

附表1

课程名称	供热工程	学时	理论50学时 实践25学时
教学目标	专业能力： 1. 能识读采暖及室外供热工程施工图； 2. 能进行采暖及供热管路的水力计算； 3. 能进行建筑采暖工程设计； 4. 能进行中小型供热外网工程设计； 5. 能熟练使用CAD或暖通专业绘图软件绘制中小型采暖及室外供热工程施工图。 方法能力： 1. 能利用网络资源收集本课程相关知识及设备附件产品样本、暖通施工图实例等资料； 2. 运用学习过程中的经验知识，处理工作过程中遇到的实际问题和解决困难的能力； 3. 能利用设计手册、标准图集等参考资料，借鉴工程实例进行采暖及室外供热工程施工图设计；			

课程名称	供热工程	学时	理论50学时 实践25学时
教学目标	4. 能熟练利用专业软件进行辅助设计； 5. 具备自学能力和继续学习的能力。 社会能力： 1. 具有团队协作意识、服务意识及协调沟通交流能力； 2. 能认真完成所接受的工作任务，脚踏实地，任劳任怨； 3. 诚实守信、以人为本、关心他人		
教学内容	单元1. 供热工程的基本概念 知识点：供热工程的研究对象及发展概况；集中供热的基本概念；集中供热的分类及基本形式；采暖工程的基本概念。 单元2. 热水采暖系统 (1) 知识点：自然循环热水采暖系统概念和原理；机械循环热水采暖系统概念和原理；自然循环和机械循环热水采暖系统的基本形式；热水采暖系统管道布置与敷设；分户计量热水采暖系统；采暖系统施工图。 (2) 技能点：具有热水采暖系统管路布置和敷设的能力；能识读一般建筑物采暖施工图。 单元3. 采暖系统设计热负荷 (1) 知识点：采暖系统设计热负荷概念；围护结构的基本耗热量；围护结构的附加（修正）耗热量；冷风渗透耗热量；分户计量采暖热负荷；围护结构的最小传热热阻和经济传热热阻；采暖设计热负荷计算方法。 (2) 技能点：能进行采暖系统设计热负荷的计算；能进行围护结构最小传热热阻的确定。 单元4. 采暖系统散热设备与附属设备 (1) 知识点：散热器原理及类型；暖风机原理及类型；热水采暖系统的附属设备。 (2) 技能点：能进行采暖散热器及附属设备的选型和布置；会进行采暖散热器及附属设备的选择计算。 单元5. 热水采暖系统的水力计算 (1) 知识点：水力计算的基本原理；采暖系统水力计算的任务和方法；自然循环热水采暖系统的水力计算方法和步骤；机械循环热水采暖系统的水力计算方法和步骤。 (2) 技能点：具有用水力计算图表进行一般热水采暖系统的水力计算的能力。 单元6. 辐射采暖 (1) 知识点：辐射采暖基本概念及特点；热水辐射采暖系统形式；辐射采暖系统的设计计算；其他辐射采暖形式。 (2) 技能点：能进行辐射采暖设备的选型；会进行辐射采暖设备及管道的布置。 单元7. 蒸汽采暖系统 (1) 知识点：蒸汽采暖系统的基本原理和特点；蒸汽采暖系统形式；蒸汽采暖系统的管路布置及附属设备；低压蒸汽采暖系统的水力计算；高压蒸汽采暖系统的水力计算。 (2) 技能点：能进行蒸汽采暖系统附属设备的选择；会进行蒸汽采暖系统的管路及设备的布置；能使用水力计算图表，进行一般蒸汽采暖系统的水力计算。 单元8. 集中供热系统 (1) 知识点：集中供热系统方案的确定原则；热水供热系统热用户与热网的连接方式；蒸汽供热系统热用户与热网的连接方式、凝结水系统的组成；热网系统形式。 (2) 技能点：具备合理确定集中供热系统方案热源形式、热媒种类及参数的能力。 单元9. 供热管网的水力计算 (1) 知识点：集中供热系统的热负荷计算方法；热水热网水力计算的基本原理；热水热网的水力计算；蒸汽热网的水力计算；凝结水管网的水力计算。 (2) 技能点：能够确定集中供热系统的热负荷；会进行热水热网、蒸汽热网、凝结水管网的水力计算。		

课程名称	供热工程	学时	理论 50 学时 实践 25 学时
教学内容	单元 10. 热水热网的水压图与水力工况 （1）知识点：水压图的基本概念；热水热网水压图绘制的方法和步骤；热水热网的定压和水泵选择；热水热网的水力工况分析原理。 （2）技能点：能够绘制热水热网水压图；能够合理选择循环水泵和补水泵；能够利用水压图对用户和热网进行水力状况分析。 单元 11. 集中供热系统的热力站及主要设备 （1）知识点：集中供热系统的热力站的组成；集中供热系统的主要设备的种类、构造及作用。 （2）技能点：能够正确选择集中供热系统的主要设备。 单元 12. 供热管网的布置与敷设 （1）知识点：供热管网的布置原则；供热管道的敷设方式；管道热膨胀及补偿器；管道支座（架）；供热管道及排水放气；供热管道的检查室及检查平台；管道和设备的保温与防腐；供热管网施工图。 （2）技能点：能够合理选择供热管道补偿器、管道支座（架）；能够合理选择管道与设备的保温与防腐材料；能够进行一般室外供热管网系统的设计		
实训项目及内容	项目 1. 现场教学 供热系统施工现场或供热系统运行管理现场，熟悉供热系统组成和各种供热设备。 项目 2. 供热系统各种设备和材料的选择实训 依据选择不同的设备和材料，进行相关的选择计算，并根据产品样本选择合适的设备和材料。 项目 3. 供热系统综合实训 某中小型公共建筑物采暖或外网系统综合实训。包括以下主要内容： （1）建筑物热负荷的计算。 （2）采暖或外网设备选择实训。 （3）采暖或外网系统设备及管路的布置实训。 （4）供热管路水力计算。 （5）识读施工图和绘制施工图实训。 课程设计的成果应包含文字说明（含热负荷计算、水力计算、设备资料收集情况及设备选型等）部分和图纸两部分。 为培养学生的职业素养，课程设计成果应注重细节，如图纸的编号、目录是否完整，文字说明部分应按照企业工程投标的要求进行组织，在设备选型方面可增加设备原理、性能等方面的说明。		
教学方法建议	常规教学、案例教学、项目教学法结合。 理论授课注重围绕技能点的知识介绍。 课程设计与理论教学有机结合，分阶段同步进行。 充分利用网络资源，培养学生自主学习和收集资料的能力		
考核评价要求	考核应体现过程与结果、知识与能力并重的原则，以下评价要求可供参考： 1. 总成绩＝过程考核 40%，知识与能力考核 30%，结果考核 30%； 2. 知识测验主要测验在课程的理论知识； 3. 课程设计的成绩主要由设计说明（负荷计算、水力计算、设备资料收集情况及设备选型）和设计图纸、文本格式（培养高学生注重细节、力求完美的职业素养，建议将文本格式及装订是否整齐也作为成绩的一部分）三部分组成。三部分比重建议 4∶5∶1		

课程名称	通风与空调工程	学时	理论 60 学时 实践 24 学时
教学目标	专业能力： 1. 能识读通风及空调工程施工图； 2. 能进行中小型通风空调系统设计； 3. 能熟练使用 CAD 或暖通专业绘图软件绘制中小型建筑通风及空调施工图。 方法能力： 1. 能利用设计规范、设计手册、设计标准、标准图集及产品样本等参考资料，借鉴工程实例进行通风空调施工图设计； 2. 具备自主学习的能力； 3. 能熟练利用专业软件辅助设计计算。 社会能力： 1. 能与他人进行良好的沟通及合作； 2. 能认真完成所接受的工作任务，脚踏实地，任劳任怨		
教学内容	单元 1. 绪论 知识点：通风及空气调节系统的作用、任务和意义；通风与空气调节工程的发展概况及发展方向。 单元 2. 工业有害物的来源及危害 （1）知识点：粉尘、有害气体（蒸汽）、余热、余湿的来源及危害；有害物浓度、卫生标准、排放标准。 （2）技能点：能正确理解和使用粉尘及有害气体的浓度表示方法及相互关系。 单元 3. 通风方式 （1）知识点：机械通风、自然通风、局部通风、全面通风、进气式通风、排气式通风；事故通风（包括建筑防排烟系统）。 （2）技能点：能根据工艺要求判断不同场合应采用何种通风方式。 单元 4. 全面通风 （1）知识点：工业有害物散发量的计算；全面通风量的确定；全面通风气流组织；空气的量平衡与热平衡；置换通风的基本方式。 （2）技能点：能掌握空气平衡和热平衡的公式及计算；能正确选择全面通风的气流组织形式。 单元 5. 局部通风 （1）知识点：局部送、排风系统的组成；密闭罩；外部吸气罩；大门空气幕；局部淋浴。 （2）技能点：能进行外部吸气罩选择及排风量计算；能进行大门空气幕设计计算；能确定防尘密闭罩的风量。 单元 6. 工业有害物的净化 （1）知识点：粉尘的基本性质；除尘器效率；除尘机理；各类除尘器的工作原理及影响效率的主要因素；除尘器的选择；有害气体净化的一般知识。 （2）技能点：能计算除尘器效率；能根据工艺要求及除尘器特点进行初步选择应用。 单元 7. 通风管道的设计计算 （1）知识点：风道中流动阻力分析；风道设计计算方法与步骤；风道内空气压力分布；风道设计中的有关问题；通风工程施工图。 （2）技能点：能进行风道阻力计算及选择风管材料、规格；能采用流速控制法进行风道设计计算；能识读通风工程施工图；能进行通风风管布置，绘制通风工程施工图。 单元 8. 自然通风 （1）知识点：自然通风的作用原理；热压下自然通风的计算；避风天窗与风帽；自然通风与建筑工艺的配合。 （2）技能点：能进行热压作用下自然通风的简单计算。		

课程名称	通风与空调工程	学时	理论 60 学时 实践 24 学时
教学内容	单元 9. 湿空气的物理性质及焓湿图应用 (1) 知识点：湿空气性质；焓湿图。 (2) 技能点：能熟练应用焓湿图。 单元 10. 空调房间负荷计算及送风量 (1) 知识点：室内外空气计算参数；空调房间冷（热）、湿负荷的计算；空调房间送风状态及送风量的确定。 (2) 技能点：能正确选择室内外空气计算参数；能计算空调房间冷（热）、湿负荷；能确定空调房间送风状态及送风量。 单元 11. 空调热湿处理过程及设备 (1) 知识点：空调热湿处理过程及过程在焓湿图中绘制；空气处理设备：喷水室、空气加热器、表面式冷却器、空气加湿/除湿设备、空气净化装置、热回收装置。 (2) 技能点：能在焓湿图中绘制各种空气处理设备热湿处理过程，掌握各种空气处理设备的适用场合。 单元 12. 空气的净化处理 (1) 知识点：室内空气标准；空气过滤器；净化空调；室内空气品质。 (2) 技能点：能根据室内空气标准确定空气净化处理方案，选择空气过滤器。 单元 13. 空气调节系统 (1) 知识点：空气调节系统分类；新风量的确定和风量平衡；集中式空气调节系统及施工图；半集中式空气调节系统及施工图；分散式及其他空调系统。 (2) 技能点：根据建筑物功能特点选择不同的空调系统形式；能进行系统设计；能正确选择空调风系统设备。 单元 14. 空调房间的气流组织 (1) 知识点：送回风口的形式及空气流动；气流组织的基本形式。 (2) 技能点：根据工艺要求确定气流组织形式。 单元 15. 空调水系统 (1) 知识点：水系统分类及施工图；冷冻水系统的设计计算；空调冷却水系统。 (2) 技能点：具有正确识读空调水系统施工图的能力；具有设计中小型公共建筑空调水系统施工图的能力；能正确选择空调水系统设备。 单元 16. 空调系统的消声与减振 (1) 知识点：噪声的物理量度；空调系统中噪声衰减；消声器；减振器。 (2) 技能点：能进行消声器消声量的计算；能根据产品样本选择风管消声器。 单元 17. 通风空调系统的测定和调整 (1) 知识点：通风空调系统测定的常用仪器及使用方法；通风空调系统的风量和参数的测定和调整；通风空调房间的风量和参数的测定与调整；空调系统日常运行管理工作中的常用调节方法。 (2) 技能点：能利用常用仪器对通风空调系统进行简单的测定和调整		
实训项目及内容	项目 1. 现场教学 空调系统施工现场和空调系统运行管理现场，熟悉空调系统的组成和各种空调设备。 项目 2. 通风空调系统的测定实训 利用测试仪器，进行通风空调系统风速、风量、风压测定。 项目 3. 空气调节系统综合实训 某中小型公共建筑物空气调节系统综合实训。包括以下主要内容： (1) 冷（热）、湿负荷的计算。 (2) 空调系统设计。 (3) 空气的处理方案及送风量的确定。		

课程名称	通风与空调工程	学时	理论 60 学时 实践 24 学时
实训项目及内容	（4）空调设备选择。 （5）水力计算。 （6）识读施工图和绘制施工图实训。 　课程设计的成果应包含文字说明（含负荷计算、水力计算、设备资料收集情况及设备选型等）部分和图纸两部分。 　为培养学生的职业素养，课程设计成果应注重细节，如图纸的编号、目录是否完整，文字说明部分应按照国家相关规范、标准来组织		
教学方法建议	常规教学与项目教学法结合。 理论授课注重围绕技能点的知识介绍。 课程设计与理论教学有机结合，同步进行。 培养学生自主学习和收集资料的能力		
考核评价要求	考核应体现过程与结果、知识与能力并重的原则，以下评价要求可供参考： 1. 总成绩＝过程考核 40％，知识与能力考核 30％，结果考核 30％； 2. 知识测验主要测验在课程的理论知识； 3. 课程设计的成绩主要由设计说明（负荷计算、水力计算、设备资料收集情况及设备选型）和设计图纸、文本格式（培养高学生注重细节、力求完美的职业素养，建议将文本格式及装订是否整齐也作为成绩的一部分）三部分组成。三部分比重建议 4∶5∶1		

空调用制冷技术课程简介　　　　　　　　　　　附表 3

课程名称	空调用制冷技术	学时	理论 40 学时 实践 20 学时
教学目标	专业能力： 1. 能初步进行空调冷源方案的选择。 2. 能进行简单计算并选择空调冷冻机房的相关设备。 3. 能够进行简单的空调冷冻机房的施工图设计。 4. 能熟练识读空调冷冻机房施工图。 方法能力： 1. 能利用网络资源收集本课程相关知识及设备附件产品样本、暖通施工图实例等资料，进行自主学习。 2. 能利用设计手册、标准图集等参考资料，借鉴工程实例进行空调冷冻机组施工图设计。 3. 具备自主学习的能力。 4. 能熟练利用专业软件辅助设计计算。 社会能力： 1. 能与他人进行良好的沟通及合作。 2. 能认真完成所接受的工作任务，脚踏实地，任劳任怨		
教学内容	单元 1. 绪论 　知识点：制冷的概念；人工制冷的方法；制冷技术的发展概况；人工制冷在国民经济中的应用。 单元 2. 蒸气压缩式制冷的热力学原理 　知识点：单级蒸气压缩式制冷的理论循环、实际循环及性能和运行工况；双级蒸气压缩式制冷的工作原理。		

课程名称	空调用制冷技术	学时	理论 40 学时 实践 20 学时
教学内容	单元 3. 制冷剂、载冷剂和润滑油 （1）知识点：制冷剂的种类和性能；载冷剂的种类和性能；润滑油的作用及特性分析。 （2）技能点：能合理选择制冷剂、载冷剂和润滑油。 单元 4. 蒸气压缩式制冷系统的组成和图式 （1）知识点：蒸气压缩式氟利昂制冷系统。 （2）技能点：能绘制简单氟利昂制冷系统流程图。 单元 5. 制冷压缩机 （1）知识点：活塞式、螺杆式、涡旋式、离心式压缩机的分类、结构、工作原理和能量调节。 （2）技能点：能合理选择压缩机类型。 单元 6. 蒸气压缩式制冷系统换热设备及其辅助设备 （1）知识点：冷凝器的种类、基本构造和工作原理蒸发器的种类、基本构造和工作原理。制冷系统各个辅助设备种类、结构、工作原理；节流阀的种类、工作原理；控制器与阀门的工作原理。 （2）技能点：能合理选择相关设备。 单元 7. 冷水机组 （1）知识点：活塞式、涡旋式、螺杆式、离心式冷水机组的特点。 （2）技能点：能根据制冷量初步确定冷水机组类别及数量组成的选择方案。 单元 8. 热泵机组 （1）知识点：热泵机组的原理及分类；空气源热泵、水源热泵及地源热泵技术。 （2）技能点：能合理选择热泵机组。 单元 9. 直接蒸发式空调系统 （1）知识点：房间空调器，单元式空调机组和多联式空调系统。 （2）技能点：能根据建筑特点确定直接蒸发式空调的选择方案。能根据房间冷热负荷进行多联式空调系统设备选型。 单元 10. 溴化锂吸收式制冷机 （1）知识点：溴化锂吸收式制冷的工作原理；溴化锂水溶液的性质及焓浓度图；溴化锂吸收式制冷机的形式和基本参数；溴化锂吸收式制冷装置的结构和流程；溴化锂吸收式制冷机的变工况特性和能量调节；直燃式溴化锂吸收式冷热水机组的流程及特点。 （2）技能点：能合理选择溴化锂吸收式制冷机。 单元 11. 空调冷冻机房设计 （1）知识点：制冷机组的选型，冷却水系统和冷冻水系统，空调机房水系统的主要设备与附件（冷却塔、分集水器、水处理器、过滤器等）。 （2）技能点：能识读制冷机房施工图纸，能进行中小型空调冷冻机房设计。 单元 12. 蒸气压缩式制冷系统的调节、运行、维修 （1）知识点：制冷系统的密封性实验和制冷剂充灌；制冷系统的试运转；制冷系统的运行与维护；制冷机的故障分析及处理。 （2）技能点：能根据制冷机故障现象初步分析原因及确定处理方案。 单元 13. 冰蓄冷空调系统 （1）知识点：冰蓄冷空调的基本概念，冰蓄冷设备；冰蓄冷空调系统的运行模式和运行策略。 （2）技能点：能进行简单的冰蓄冷方案选择

课程名称	空调用制冷技术	学时	理论 40 学时 实践 20 学时
实训项目及内容	项目 1. 现场教学 内容：多联式空调系统组成及运行演示，空调冷冻机房，各种空调设备。 项目 2. 空调冷冻机房施工图识读 内容：识读一套空调冷冻机房施工图。 项目 3. 空调冷冻机房设备选型实训 某中小型建筑空调冷冻机房设备选型实训。包括以下主要内容： （1）冷水机组或热泵机组的选择实训； （2）机房附属设备（冷却塔、水泵）的选择实训； （3）空调冷冻机房的系统图或流程图。 设备选型的成果应有文字说明（含设备选型计算、设备资料收集情况及设备选型说明等）。 为培养学生的职业素养，设备选型成果应注重细节，在设备选型方面可增加设备原理、性能等方面的说明		
教学方法建议	本课程所涉及的内容最能够体现暖通空调行业最新技术的发展。虽然知识点较多，但要求的技能点并不太多，主要是由于新技术众多，本课程在专业里的定位和课时量决定了难以进一步深入提出更多的技能要求。为此提出以下教学方法建议： 1. 理论教学与实践教学有机结合。 2. 课程设计注重与空气调节工程的衔接。 3. 充分利用网络资源，培养学生自主学习和收集资料的习惯，及时了解最新技术的发展动向，是本课程与其他课程教学中的一个较大区别。 4. 各地应根据各自所在地域的气候特点，选择应用较多的空调用制冷技术，开发一些课程设计项目，如多联式空调系统，地源热泵系统等		
考核评价要求	考核应体现过程与结果、知识与能力并重的原则，以下评价要求可供参考： 1. 总成绩＝过程考核 40％，知识与能力考核 30％，结果考核 30％； 2. 知识测验主要测验在课程的理论知识； 3. 课程设计的成绩主要由设计说明（负荷计算、水力计算、设备资料收集情况及设备选型）和设计图纸、文本格式（培养高学生注重细节、力求完美的职业素养，建议将文本格式及装订是否整齐也作为成绩的一部分）三部分组成。三部分比重建议 4：5：1		

建筑设备施工技术课程简介 附表 4

课程名称	建筑设备施工技术	学时	理论 50 学时 实践 34 学时
教学目标	专业能力： 1. 具有建筑安装工程识图能力； 2. 具有管道加工及连接的专业技术能力； 3. 掌握室内供暖系统、室外热力管道施工的工艺、方法、应用质量检验标准进行工程质量评定； 4. 掌握锅炉及附属设备施工的工艺、方法，应用质量检验标准进行工程质量评定； 5. 掌握通风空调系统施工的工艺、方法，应用质量检验标准进行工程质量评定； 6. 掌握制冷设备施工的工艺、方法，应用质量检验标准进行工程质量评定； 7. 掌握建筑给水排水系统施工的工艺、方法，应用质量检验标准进行工程质量评定；		

课程名称	建筑设备施工技术	学时	理论 50 学时 实践 34 学时

教学目标	8. 掌握管道及设备的防腐与保温、设备基础施工的工艺、方法、质量检验标准的施工技术专业能力； 9. 能独立编制专业施工方案。 方法能力： 1. 具有使用技术规范和标准的能力； 2. 培养学生的自学能力及继续学习的能力； 3. 运用学习过程中的经验知识，处理工作过程中遇到的实际问题和解决困难的能力； 4. 自我展示能力，能正确讲述、说明、提问、回答问题； 5. 自我学习及继续学习的能力，会使用各类资料帮助解决施工过程中所遇到的问题。 社会能力： 1. 具有诚信品质及敬业精神，细致周到、认真负责的工作态度； 2. 通过团队合作解决问题、协调沟通的能力； 3. 诚实守信，以人为本，关心他人

教学内容	单元 1. 绪论 知识点：施工安装技术发展概况；本课程的任务与内容。 单元 2. 管材、管子附件及常用材料 （1）知识点：钢管及其附件的通用标准；钢管的类型及使用要求；管子配件的类型及使用要求；板材和型钢的类型及使用要求；阀门的类型及使用要求；常用紧固件的类型及使用要求。 （2）技能点：能合理选择钢管、管子配件、板材、型钢、阀门及常用紧固件。 单元 3. 钢管加工及连接 （1）知识点：钢管加工及连接概述；钢管切断；钢管连接；管子调直；弯管加工；三通管及变径管加工。 （2）技能点：会进行钢管切断和钢管连接、管子调直和弯管加工；三通管及变径管的加工。 单元 4. 室内供暖系统的安装 （1）知识点：室内供暖系统安装；室内供暖管道的安装；散热器的安装；附属器具的安装；室内供暖系统的试压、清洗、调试与竣工验收。 （2）技能点：能进行室内供暖管道安装；能进行散热器的安装；附属器具的安装；能进行室内供暖系统的试压、清洗。 单元 5. 室外热力管道的安装 （1）知识点：室外地下敷设管道的安装；活动支座及固定支座的安装；补偿器的安装；室外架空管道的安装；热力管道的试压与验收。 （2）技能点：能进行室外地下敷设管道和室外架空管道的安装；能进行活动支座、固定支座和补偿器的安装；会进行热力管道的试压与竣工验收。 单元 6. 锅炉及附属设备的安装 （1）知识点：安装锅炉用的索具与起重设备；安装前的准备及安装程序；锅炉本体及炉排的安装；锅炉安全附件的安装；锅炉水压试验；烘炉与煮炉；锅炉系统的试运转。 （2）技能点：会进行锅炉安装；能进行锅炉水压试验、烘炉与煮炉、锅炉系统的试运转。 单元 7. 通风空调系统的安装 （1）知识点：通风空调系统的安装概述；通风工程的常用材料及板材连接；风管及配件的加工制作；通风空调系统的安装；通风空调系统的试运行。 （2）技能点：能进行通风空调系统的安装；会进行风管及配件的加工制作。 单元 8. 制冷设备安装 （1）知识点：制冷设备安装概述；活塞式制冷系统安装；离心式制冷系统安装。

课程名称	建筑设备施工技术	学时	理论 50 学时 实践 34 学时
教学内容	（2）技能点：能进行制冷设备安装。 单元 9. 室内外给水排水管道及卫生器具的安装 （1）知识点：建筑给水排水工程常用管材；室内给水系统的安装；室内排水系统的安装；常用卫生器具的安装；室外（庭院）给水管道敷设；室外（庭院）排水管道敷设；室内外给水排水管道的试压与验收。 （2）技能点：能进行室内外给水排水系统的安装；会合理选用给水排水工程常用管材；会室内外给水排水管道的试压与验收。 单元 10. 管道及设备的防腐与保温 （1）知识点：管道及设备的防腐；管道及设备的保温。 （2）技能点：会进行管道及设备的防腐和保温。 单元 11. 设备基础 （1）知识点：基础类型；混凝土基础的检验；地脚螺栓；垫铁；无垫铁安装及坐浆法。 （2）技能点：学会设备基础安装技术；会进行混凝土基础的检验		
实训项目及内容	项目 1. 现场教学 内容：管材、管子附件及常用材料认知实践；钢管加工及连接操作训练；锅炉及附属设备安装的现场参观学习；通风空调系统安装的现场参观学习；制冷设备安装的现场参观学习；室内外给水排水管道及卫生器具安装的现场参观学习。 项目 2. 管道连接操作实训 内容：认知管材、管道附件及常用材料；掌握常用钢管加工及连接操作方法和技能；理解室内外给水排水管道及卫生器具的安装步骤和技术要点。 项目 3：通风工操作实训 内容：理解锅炉及附属设备、通风空调和制冷设备系统的安装步骤和技术要点		
教学方法建议	宏观：项目式教学法 微观：讲授示范、展示不同种类的工程图纸、工程现场考察、分组讨论、模拟教学角色扮演教学法、案例分析教学法、任务驱动教学法		
考核评价要求	课程评价： 总成绩＝过程考核 40%，知识与能力考核 30%，结果考核 30%		

安装工程预算课程简介　　　　　附表 5

课程名称	安装工程预算	学时	理论 44 学时 实践 20 学时
教学目标	专业能力： 1. 具有编制建筑给水排水工程、通风空调工程、电气安装工程、建筑智能化工程和机械设备与热力设备安装工程工程量清单的能力； 2. 具有通过市场调查或网络等渠道搜集建筑安装工程材料价格的能力； 3. 具有正确计算工程量，进行工程量统计的能力； 4. 具有熟练套用工程定额的能力； 5. 具有按照工程量清单计价规范进行工程量清单计价的能力； 6. 具有确定建筑工程招投标主体，填写招标申请表、招标公告、工程报建表、资格预审合格通知书、评标报告与中标通知书的能力；		

课程名称	安装工程预算	学时	理论 44 学时 实践 20 学时
教学目标	7. 具有编制招标文件与答疑纪要；从事甲方代表的相关工作；代表施工方编制资格预审文件的能力； 8. 具有在原有编制施工组织设计与工程预算的基础上编制工程投标技术标、商务标与综合标的初步能力；具有进行工程报价的初步能力。 方法能力： 1. 具有查阅技术规范和标准的能力； 2. 培养学生的自学能力及继续学习的能力； 3. 运用学习过程中的经验知识，处理工作过程中遇到的实际问题和解决困难的能力； 4. 自我展示能力，能正确讲述、说明、提问、回答问题； 5. 自我学习及继续学习的能力，会使用图书馆和 Internet 上各类资料帮助解决工程造价过程中所遇到的问题。 社会能力： 1. 具有诚信品质及敬业精神，认真负责的工作态度； 2. 进行团队合作解决问题、协调沟通的能力； 3. 诚实守信，以人为本，关心他人		
教学内容	单元 1. 绪论 知识点：本课程研究的主要内容；本课程的重要性及与其他专业课的密切联系；本课程的学习方法和要求。 单元 2. 固定资产投资与工程建设概述 (1) 知识点：固定资产；固定资产投资的基本概念；工程建设程序的基本知识；建设工程组成项目的划分方法；建筑业的组成、建筑产品的计价特点。 (2) 技能点：会判断固定资产、固定资产投资、建设工程组成项目的类型。 单元 3. 建设工程定额 (1) 知识点：工程定额基本概念、性质、分类和作用；施工定额、预算定额的内容和使用方法。 (2) 技能点：会判断施工定额、预算定额的内容，并学会其使用方法。 单元 4. 建设工程预算分类与费用 (1) 知识点：建设工程预算制度及投资估算、设计概算、施工图预算、施工预算、工程结算和竣工决算的概念；建设工程总费用的概念及其构成；建筑安装工程计价依据、工程类别划分、造价构成及计价方法。 (2) 技能点：会判断投资估算、设计概算、施工图预算、施工预算、工程结算和竣工决算等类型；会判断建筑安装工程类别，并学会其计价方法。 单元 5. 给水排水工程安装预算 (1) 知识点：给水排水工程定额的套用与工程量计算；工业管道定额的套用与工程量计算（与给水排水相关部分），给水排水工程工程量清单计价实例。 (2) 技能点：会进行小型给水排水工程安装预算的编制。 单元 6. 通风、空调工程安装预算 (1) 知识点：定额册、章说明及相关规定；通风、空调工程定额的套用原则和工程量计算规则，通风、空调工程工程量清单计价实例。 (2) 技能点：会进行小型空调工程安装预算的编制。 单元 7. 电气安装工程预算 (1) 知识点：定额册、章说明及相关规定；照明电气部分的定额套用原则和工程量计算规则，工程量清单计价实例。 (2) 技能点：会进行电气照明工程安装预算的编制。 单元 8. 智能化工程安装工程预算		

课程名称	安装工程预算	学时	理论 44 学时 实践 20 学时
教学内容	（1）知识点：定额册、章说明及相关规定；智能化工程的定额套用原则和工程量计算规则，工程量清单计价实例。 （2）技能点：会进行智能化工程安装预算的编制。 单元 9. 机械设备与热力设备安装工程预算 （1）知识点：定额册、章说明及相关规定；机械设备与热力设备安装工程的定额套用原则和工程量计算规则，工程量清单计价实例。 （2）技能点：会进行机械设备与热力设备安装工程预算的编制		
实训项目及内容	项目 1. 现场教学 安排到建筑安装工地现场或建筑设备运行管理现场的参观。 项目 2. 课程设计：安装工程造价编制 内容：某住宅楼单位工程（水、暖、电）施工图预算的编制；划分和排列分项工程项目，编制工程量清单及综合单价计算表、确定工程造价；统计计算工程量，套定额确定定额直接费。 要求：完成工程预算书一份（包括封面、取费表、工程量计算表、工程量清单计价表）		
教学方法建议	宏观：项目式教学法 微观：讲授示范、展示不同种类的工程图纸、工程现场考察、分组讨论、模拟教学角色扮演教学法、案例分析教学法、任务驱动教学法		
考核评价要求	课程评价： 考核应体现过程与结果、知识与能力并重的原则，以下评价要求可供参考： 1. 总成绩＝过程考核 40%，知识与能力考核 30%，结果考核 30%； 2. 知识测验主要测验在课程的理论知识； 3. 课程设计的成绩主要由设计说明（负荷计算、水力计算、设备资料收集情况及设备选型）和设计图纸、文本格式（培养高学生注重细节、力求完美的职业素养，建议将文本格式及装订是否整齐也作为成绩的一部分）三部分组成。三部分比重建议 4:5:1		

3 教学进程安排及说明

1. 专业教学进程安排

供热通风与空调工程技术专业教学进程安排　　　　　附表 6

课程类别	序号	课程名称	学　时			课程按学期安排					
			理论	实践	合计	一	二	三	四	五	六
		一、职业基础课程									
必 修 课	1	思想政治理论	100		100	√	√	√	√		
	2	英语	162		162	√	√	√			
	3	高等数学	96		96	√					
	4	计算机基础	28	30	58	√					
	5	体育	110		110	√	√	√			
		小　计	496	30	526						

课程类别	序号	课程名称	学　时			课程按学期安排					
			理论	实践	合计	一	二	三	四	五	六
必修课		二、职业岗位课程									
	1	工程制图与建筑构造	60	36	96	√					
	2	流体力学泵与风机	50	18	68		√				
	3	热工学基础	40	28	68		√				
	4	建筑CAD	20	30	50		√				
	5	建筑给水排水工程	30	18	48			√			
	6	供热工程★	50	25	75			√			
	7	锅炉房与换热站	40	20	60				√		
	8	建筑电气技术	40	20	60			√			
	9	建筑设备控制技术	40	20	60				√		
	10	通风与空调工程★	60	24	84				√		
	11	空调用制冷技术★	40	20	60				√		
	12	建筑设备施工技术★	50	34	84					√	
	13	安装工程预算★	44	20	64					√	
	14	施工组织与管理	30	12	42					√	
		小　计	594	325	919						
选修课		三、职业拓展课程									
	1	工程力学	44	6	50		√				
	2	燃气供应工程	30	20	50				√		
	3	安装工程监理	28		28					√	
	4	建筑节能技术	30		30				√		
	5	暖通空调运行管理	18	10	28					√	
	6	建筑新能源	28		28					√	
	7	建设法规	30		30				√		
		小　计	208	36	244						
		四、任选课									
		全校统一开设选修课	最低须达合计112学时			按学校统一安排开设各选修课的时间，学生依据自主选择						
		小　计									
		合　计	1298	391	1689						

注：标注★的课程为专业核心课程。

2. 实践教学安排

供热通风与空调工程技术专业实践教学安排　　　　　　　附表 7

序号	项目名称	教学内容	对应课程	学时	实践教学项目按学期安排					
					一	二	三	四	五	六
1	建筑给水排水综合实训	选择相关设备及材料；布置设备及管道，并绘制施工图	建筑给水排水工程	30			√			
2	通风与空调工程综合实训		通风与空调工程	30				√		
3	供热工程综合实训		供热工程	60				√		
4	安装工程造价编制	选择某一安装工程进行安装工程造价编制	安装工程造价与招投标	30					√	
5	施工组织设计	编制一个工程项目的施工组织设计	施工组织与管理	30					√	
6	认识实习	通过参观了解专业的教学内容，初步认识相关系统		30	√					
7	测量理论与实训	介绍相关测量概念，并进行项目实测训练		30		√				
8	技能操作实训	管钳及钣金基本操作训练　管工基本操作及组合件安装训练		90			√			
9	空调或供热系统调试与运行管理	到企业去进行空调或供热系统调试		30					√	
10	毕业顶岗实习	结合学生就业岗位，按照企业及专业学习要求进行		450						√
	合　　计			810						

注：每周按 30 学时计算。

3. 教学安排说明

教学安排可根据各地方、各校具体情况在保证核心课程开设的情况下，选开一些课程，也可根据学生自身情况、就业去向自选学习课程。

由于建筑业是一个危险的行业，在制订项目时，尽可能将安全生产作为一个教学环节安排到实训中。

在教学中实行项目教学，制订课程的分项目内容时，应尽量穿插实训教学与分组活动，培养学生学习、工作的过程（准备、计划、实施、质量评估与控制、小结）中与人合作的能力。理论教学和实验、实训等技能培养的学时可据项目不同进行分配。

教学进程可根据各地方、各学校实际情况，同时根据企业工程进展情况，合理调整教学进程。

若实行学分制，建议总学分控制在 150～160 学分；16 学时折算 1 学分。

附录 2

供热通风与空调工程技术专业校内实训及校内实训基地建设导则

1 总　　则

1.0.1 为了加强和指导高职高专教育供热通风与空调工程技术专业校内实训教学和实训基地建设，强化学生实践能力，提高人才培养质量，特制定本导则。

1.0.2 本导则依据供热通风与空调工程技术专业学生的专业能力和知识的基本要求制定，是《高职高专教育供热通风与空调工程技术专业教学基本要求》的重要组成部分。

1.0.3 本导则适用于供热通风与空调工程技术专业校内实训教学和实训基地建设。

1.0.4 本专业校内实训与校外实训应相互衔接，实训基地与相关专业及课程实现资源共享。

1.0.5 供热通风与空调工程技术专业的校内实训教学和实训基地建设，除应符合本导则外，尚应符合国家现行标准、政策的规定。

2 术　　语

2.0.1 实训

在学校控制状态下，按照人才培养规律与目标，对学生进行职业能力训练的教学过程。

2.0.2 基本实训项目

与专业培养目标联系紧密，且学生必须在校内完成的职业能力训练项目。

2.0.3 选择实训项目

与专业培养目标联系紧密，根据学校实际情况，宜在学校开设的职业能力训练项目。

2.0.4 拓展实训项目

与专业培养目标相联系，体现专业发展特色，可在学校开展的职业能力训练项目。

2.0.5 实训基地

实训教学实施的场所，包括校内实训基地和校外实训基地。

2.0.6 共享性实训基地

与其他院校、专业、课程共用的实训基地。

2.0.7 理实一体化教学法

即理论实践一体化教学法，将专业理论课与专业实践课的教学环节进行整合，通过设定的教学任务，实现边教、边学、边做。

2.0.8 深化设计

在方案设计、技术设计的基础上进行施工方案细化，并绘制施工图的过程。

3 校内实训教学

3.1 一般规定

3.1.1 供热通风与空调工程技术专业必须开设本导则规定的基本实训项目，且应在校内完成。

3.1.2 供热通风与空调工程技术专业应开设本导则规定的选择实训项目，且宜在校内完成。

3.1.3 学校可根据本校专业特色，选择开设拓展实训项目。

3.1.4 实训项目的训练环境宜符合暖通空调工程的真实环境。

3.1.5 本导则所列实训项目，可根据学校所采用的课程模式、教学模式和实训教学条件，采取理实一体化教学或独立与理论教学进行训练；可按单个项目开展训练或多个项目综合开展训练。

3.2 基本实训项目

3.2.1 供热通风与空调工程技术专业的基本实训项目应符合表 3.2.1 的要求。

供热通风与空调工程技术专业基本实训项目   表 3.2.1

序号	实训项目	能力目标	实训内容	实训方式	评价要求
1	建筑 CAD 实训	应使学生具备熟读建筑工程施工图和供热通风与空调工程专业施工图的能力，具备基本工程图的绘制及表达能力	1. 建筑工程施工图和供热通风与空调工程施工图的识读； 2. 查阅建筑制图相关标准，熟悉建筑施工图的表达内容； 3. 基本工程图的绘制	实操	对学生实训过程、结果进行评价，实训结果评价应参照暖通空调制图标准的要求
2	钣金工实训	1. 应使学生具备基本的放线能力、板材的各种加工方法能力； 2. 加工机具的正确操作方法能力	1. 放样； 2. 板材的剪切、折弯、连接等	实操	对学生实操过程、结果进行评价，实操结果评价应参照国家职业技能标准及《通风与空调工程施工质量验收规范》等相关标准和规范的要求
3	管道工实训	1. 应使学生具备钢管的各种加工方法的能力； 2. 加工机具的正确操作方法能力； 3. 具有基本的电焊操作能力	1. 钢管的切断、套丝、弯制； 2. 钢管、铸铁管、UP-VC 管和铝塑复合管连接的操作步骤、方法及工具； 3. 钢管电焊连接	实操	对学生实操过程、结果进行评价，实操结果评价应参照国家职业技能标准及《通风与空调工程施工质量验收规范》等相关标准和规范的要求

序号	实训项目	能力目标	实训内容	实训方式	评价要求
4	电工实训	1. 应使学生具备正确使用常用电工工具的能力；2. 能进行常用电气系统安装、调试	1. 常用电工仪表的使用；2. 管线的制作、导线的连接和敷设；3. 照明灯具和开关线路安装；4. 低压电缆终端头制作训练	实操	对学生实操过程、结果进行评价，实操结果评价应参照建筑电气设备安装等相关标准和规范的要求
5	安装工程造价实训	应使学生具备安装工程造价编制的能力	具体安装工程造价的编制	实训	实训结果的评价应符合《建设安装工程工程量清单计价规范》及各地方标准等相关标准和规范的要求
6	供热工程设计实训	应使学生具备工程设计的能力	施工方案细化、施工图设计	设计	设计结果应符合相关设计、施工等标准和规范的要求
7	空气调节工程设计实训	应使学生具备工程设计的能力	施工方案细化、施工图设计	设计	设计结果应符合相关的设计、施工等标准和规范的要求

3.3 选 择 实 训 项 目

3.3.1 供热通风与空调工程技术专业的选择实训项目应符合表 3.3.1 的要求。

供热通风与空调工程技术专业的选择实训项目   表 3.3.1

序号	实训项目	能力目标	实训内容	实训方式	评价要求
1	钣金工实训	1. 应使学生具备基本的放线能力、板材的各种加工方法能力；2. 加工机具的正确操作方法能力	1. 各种支吊架的加工和安装方法；2. 风管调试的要求和方法	实操	对学生实操过程、结果进行评价，实操结果评价应参照国家职业技能标准及《通风与空调工程施工质量验收规范》等相关标准和规范的要求
2	管道工实训	1. 应使学生具备钢管的各种加工方法的能力；2. 加工机具与正确操作方法能力	1. 各类管道支架（活动支架、固定支架、吊架）的形式和构造，熟悉各类支架的加工和安装方法；2. 管道水压试验和灌水试验的要求与方法	实操	对学生实操过程、结果进行评价，实操结果评价应参照国家职业技能标准及《通风与空调工程施工质量验收规范》等相关标准和规范的要求

序号	实训项目	能力目标	实训内容	实训方式	评价要求
3	电工实训	1. 应使学生具备正确使用常用电工工具的能力； 2. 能进行常用电气系统安装、调试	1. 照明与动力配电箱的设备安装； 2. 单相和三相电能表安装接线训练； 3. 电动机连续运行控制电路的安装	实操	对学生实操过程、结果进行评价，实操结果评价应参照建筑电气设备安装的相关标准和规范的要求
4	建筑设备系统运行管理实训	1. 应使学生具备中央控制站的维护能力； 2. 学生能对系统进行故障诊断； 3. 具有暖通空调系统运行调试能力	1. 对中央控制站进行维护； 2. 对现场设备进行故障诊断； 3. 系统运行调试	实操	对学生实操过程、结果进行评价，实操结果应符合实际工作状况

3.4 拓 展 实 训 项 目

3.4.1 供热通风与空调工程技术专业可根据本校专业特色自主开设拓展实训项目。

供热通风与空调工程技术专业拓展实训项目　　　　　　表 3.4.1

序号	实训项目	能力目标	实训内容	实训方式	评价要求
1	室内空气质量检测	1. 应使学生具备测定室内空气状态能力； 2. 会记录测试结果	1. 室内空气温度； 2. 室内空气湿度； 3. 有害物浓度	实操	对学生实操过程、结果进行评价，实操结果应符合实际工作状况
2	建筑能耗分析软件应用	应使学生具备用专业软件分析建筑能耗的基本能力	常用建筑能耗分析软件的基本使用方法	实操	对学生实操结果进行评价，实操结果应符合软件使用要求
3	综合布线系统实训	应使学生具备综合布线系统安装、调试的能力	1. 管槽安装； 2. 线缆敷设； 3. 识别电缆、配线架的标识； 4. 安装机架设备； 5. 安装信息插座； 6. 系统调试	实操	对学生实操过程、结果进行评价，实操结果评价应参照综合布线系统安装的相关标准和规范的要求

3.5 实 训 教 学 管 理

3.5.1 各院校应将实训教学项目列入专业培养方案，所开设的实训项目应符合本导则要求。

3.5.2 每个实训项目应有独立的教学大纲和考核标准。

3.5.3 学生的实训成绩应在学生学业评价中占一定的比例，独立开设且实训时间1周及以上的实训项目，应单独记载成绩。

4 校内实训基地

4.1 一般规定

4.1.1 校内实训基地的建设，应符合下列原则和要求：

（1）因地制宜、开拓创新，具有实用性、先进性和效益性，满足学生职业能力培养的需要；

（2）源于现场、高于现场，尽可能体现真实的职业环境，体现本专业领域新材料、新技术、新工艺、新设备；

（3）实训设备应优先选用工程用设备。

4.1.2 各院校应根据学校区位、行业和专业特点，积极开展校企合作，探索共同建设生产性实训基地的有效途径，积极探索虚拟工艺、虚拟现场等实训新手段。

4.1.3 各院校应根据区域学校、专业以及企业布局情况，统筹规划、建设共享型实训基地，努力实现实训资源共享，发挥实训基地在实训教学、员工培训、技术研发等多方面的作用。

4.2 校内实训基地建设

4.2.1 校内实训基地的场地最小面积、主要设备及数量应符合表4.2.1的要求。

注：本导则按照1个教学班实训计算实训设备。

实训项目设备配置标准   表4.2.1

序号	实训项目	实训类别	主要设备	单位	数量	实训室面积
1	建筑CAD实训	基本实训	电脑和网络系统	台	50	不小于150m²
2	钣金工实训	基本实训	工具箱	套	30	不小于200m²
		选择实训	剪床、折弯机、咬口机等	套	1	
3	管道工实训	基本实训	工具箱	套	30	不小于200m²
		选择实训	切割机、套丝机、电焊机等	套	8	
4	电工实训	基本实训	电工工具箱	套	30	不小于150m²
		选择实训				
5	安装工程造价实训	基本实训	工程量清单计价软件（网络版）	套	1	不小于150m²（电脑可与建筑CAD实训室共用）
			电脑及网络系统	台	50	

序号	实训项目	实训类别	主要设备	单位	数量	实训室面积
6	综合布线系统实训	拓展实训	配线架 综合布线常用设备及附件	套	10	不小于150m²
			工具箱	套	30	
7	建筑设备系统运行管理实训	选择实训	模型结构，中央空调系统（包括全空气系统、风机盘管系统、洁净空调系统等常见系统）；DDC控制器或C-Bus等总线；联动和系统集成的接口；探测器、执行器等设备	套	1	不小于400m²
8	室内空气质量检测	拓展实训	风速仪、数位温湿度表、微电脑数字压力表、甲醛、氨测定仪、气体检测报警仪、噪声振动测量仪器	套	1	不小于100m²
9	建筑能耗分析软件应用	拓展实训	建筑能耗分析软件	套	1	不小于100m²

4.3 校内实训基地运行管理

4.3.1 学校应设置校内实训基地管理机构，对实践教学资源进行统一规划，有效使用。

4.3.2 校内实训基地应配备专职管理人员，负责日常管理。

4.3.3 学校应建立并不断完善校内实训基地管理制度和相关规定，使实训基地的运行科学有序，探索开放式管理模式，充分发挥校内实训基地在人才培养中的作用。

4.3.4 学校应定期对校内实训基地设备进行检查和维护，保证设备的正常安全运行。

4.3.5 学校应有足额资金的投入，保证校内实训基地的运行和设施更新。

4.3.6 学校应建立校内实训基地考核评价制度，形成完整的校内实训基地考评体系。

5 实 训 师 资

5.1 一 般 规 定

5.1.1 实训教师应履行指导实训、管理实训学生和对实训进行考核评价的职责。实训教师可以专兼职。

5.1.2 学校应建立实训教师队伍建设的制度和措施，有计划对实训教师进行培训。

5.2 实训师资数量及结构

5.2.1 学校应依据实训教学任务、学生人数合理配置实训教师，每个实训项目不宜少于两名指导教师。

5.2.2 各院校应努力建设专兼结合的实训教师队伍，专兼职比例宜为 1：1。

5.3　实训师资能力及水平

5.3.1 学校专任实训教师应熟练掌握相应实训项目的技能，宜具有工程实践经验及相关职业资格证书，具备中级（含中级）以上专业技术职务。

5.3.2 企业兼职实训教师应具备本专业理论知识和实践经验，经过教育理论培训；指导工种实训的兼职教师应具备相应专业技术等级证书，其余兼职教师应具有中级及以上专业技术职务。

附录 A　校　外　实　训

A.1　一　般　规　定

A.1.1 校外实训是学生职业能力培养的重要环节，各院校应高度重视，科学实施。

A.1.2 校外实训应以实际工程项目为依托，以实际工作岗位为载体，侧重于学生职业综合能力的培养。

A.2　校外实训基地

A.2.1 校外实训基地应能提供与本专业培养目标相适应的职业岗位，并宜对学生实施轮岗实训。

A.2.2 校外实训基地应具备符合学生实训的场所和设施，具备必要的学习及生活条件，并配置专业人员指导学生实训。

A.3　校外实训管理

A.3.1 校企双方应签订协议，明确责任，建立有效的实习管理工作制度。

A.3.2 校企双方应有专门机构和专门人员对学生实训进行管理和指导。

A.3.3 校企双方应共同制定学生实训安全制度，采取相应措施保证学生实训安全，学校应为学生购买意外伤害保险。

A.3.4 校企双方应共同成立学生校外实训考核评价机构，共同制定考核评价体系，共同实施校外实训考核评价。

附录 B　本导则引用标准

1.《民用建筑供暖通风与空气调节设计规范》GB 50736

2. 《建筑设计防火规范》GB 50016

3. 《高层民用建筑设计防火规范》GB 50045

4. 《汽车库、修车库、停车场设计防火规范》GB 50067（暖通部分）

5. 《住宅建筑规范》GB 50368（暖通部分）

6. 《民用建筑节能设计标准（采暖居住建筑部分）》JGJ 26

7. 《夏热冬冷地区居住建筑节能设计标准》JGJ 134

8. 《夏热冬暖地区居住建筑节能设计标准》JGJ 75

9. 《公共建筑节能设计标准》GB 50189

10. 《民用建筑热工设计规范》GB 50176

11. 《地面辐射供暖技术规程》JGJ 142

12. 《地源热泵系统工程技术规范》GB 50366

13. 《洁净厂房设计规范》GB 50073

14. 《建筑给水排水及采暖工程施工质量验收规范》GB 50242

15. 《通风与空调工程施工质量验收规范》GB 50243

16. 《既有采暖居住建筑节能改造技术标准》JGJ 129

17. 《建筑节能工程施工质量验收规范》GB 50411

18. 《大气污染物综合排放标准》GB 16297

19. 《环境空气质量标准》GB 3095

20. 《锅炉房设计规范》GB 50041

21. 《建设安装工程工程量清单计价规范》GB 50500

本导则用词说明

为了便于在执行本导则条文时区别对待，对要求严格程度不同的用词说明如下：

1 表示很严格，非这样做不可的用词：

正面词采用"必须"；

反面词采用"严禁"。

2 表示严格，在正常情况下均应这样做的用词：

正面词采用"应"；

反面词采用"不应"或"不得"。

3 表示允许稍有选择，在条件许可时首先应这样做的用词：

正面词采用"宜"或"可"；

反面词采用"不宜"。